Förderketten und Kettenräder

KettenWulf Betriebs GmbH
(Hrsg.)

Förderketten und Kettenräder

Grundlagen, Weiterentwicklung und Anwendungsbeispiele

Springer Vieweg

Herausgeber
KettenWulf Betriebs GmbH,
Eslohe, Deutschland

Autor
Dipl.-Ing. Reinert Linn
Schmallenberg-Bad Fredeburg, Deutschland

ISBN 978-3-658-08921-4 ISBN 978-3-658-08922-1 (eBook)
DOI 10.1007/978-3-658-08922-1

Die Deutsche Nationalbibliothek verzeichnet diese Publikation in der Deutschen Nationalbibliografie; detaillierte bibliografische Daten sind im Internet über http://dnb.d-nb.de abrufbar.

Springer Vieweg

Gedruckt auf säurefreiem und chlorfrei gebleichtem Papier

Springer Vieweg ist Teil von Springer Nature
Die eingetragene Gesellschaft ist Springer Fachmedien Wiesbaden GmbH
Die Anschrift der Gesellschaft ist: Abraham-Lincoln-Strasse 46, 65189 Wiesbaden, Germany

Vorwort – Ansgar Wulf

Das System Förderkette / Kettenrad wird in den unterschiedlichsten Anwendungen immer dann angetroffen, wenn etwas von A nach B transportiert wird. Von filigraner bis robuster Bauform, kann sich dieses aus wenigen Baugruppen bestehende Maschinenelement als technisch äußerst komplexes Konstrukt erweisen. Die Technologie der Förderkette wurde aufgrund ihres Variantenreichtums eine wirtschaftliche Erfolgsgeschichte. Und weil sie meist eingehaust in Maschinen und Anlagen im Verborgenen operiert, ist es bei näherer Betrachtung auch gar nicht verwunderlich, dass man ihr in der Welt der Technik kaum Beachtung schenkt und nur Kenner Notiz von ihr nehmen. Als Herzstück vieler Anlagen fällt sie vielen Maschinenbetreibern erst dann auf, wenn sie ausfällt. Doch dann ist es in der Regel zu spät, denn mit ihrem Versagen steht gleich die ganze Anlage still. Andererseits: Laufen Förderkette und Kettenrad einwandfrei, so läuft auch die gesamte Anlage meist prozesssicher. Die Förderkette ist gewissermaßen der Hidden Champion unter den Maschinenelementen.

Geschäftsführer Dipl.-Wirt.-Ing. Ansgar Wulf

Das vorliegende Werk versucht nun erstmalig in Form eines Buches die Förderkette und ihre Besonderheiten zu durchleuchten. Meine Familie beschäftigt sich nunmehr seit vier Generationen mit der Produktion und dem Vertrieb von Förderketten und Kettenrädern. So war ich als junger Student im Bereich Wirtschaftsingenieurwesen, Fachrichtung Maschinenbau gespannt, inwieweit die Thematik Ketten mich auch im Studium begleiten würde. Um es kurz zu fassen, das Thema wurde innerhalb der Vorlesung Maschinenelemente in einer Doppelstunde zusammen mit Riemengetrieben abgehandelt. Natürlich hatten Vorlesungen im Bereich Werkstoffkunde, Technische Mechanik und Fertigungstechnik, um nur einige zu nennen, auch Überschneidungen mit der Kettenwelt. Doch die explizite Auseinandersetzung mit Förderketten nahm gerade einmal zwei Stunden meines Studiums in Anspruch. Auch in der einschlägigen Fachliteratur findet der interessierte Leser zu industriellen Ketten recht wenig. Grundbauformen und -berechnungen stellen hier das Gros der Informationen dar.

Deshalb ist es für ein Unternehmen wie KettenWulf nicht leicht, die richtigen Entwickler und Ingenieure zu finden. Im Personalmanagement ist es nicht damit getan, Maschinenbau-Ingenieure einzustellen. Wir müssen Fragen beantworten. Wie bringe ich jungen Leuten während der Ausbildung die Kettenthematik näher? Wie groß ist der Aufwand, den wir in die Aus- und Weiterbildung von Universitäts- und Fachhochschulabsolventen investieren müssen? Und inwieweit können wir branchenfremde Ingenieure fit machen? Schließlich müssen unsere Mitarbeiter dazu in der Lage sein, das beratungsintensive Thema Förderkette dem Kunden in vielerlei Hinsicht nahe zu bringen: die konstruktiven Herausforderungen, komplexe Werkstofffragen und die Tücken der Fertigung.

Autor – Dipl.- Ing. Reinert Linn

Es kommt ein Umstand hinzu, der mich nachdenklich stimmt. Hatten in der Vergangenheit viele Entscheidungsträger in den Unternehmen noch einen technischen Hintergrund, so lässt nach meiner Beobachtung inzwischen in den Führungsetagen der Wille, sich mit komplexen Fragestellungen der Technik ernsthaft auseinandersetzen, erheblich nach. Mehr denn je müssen deshalb Ingenieure dazu in der Lage sein, ihr Expertenwissen zu vermitteln und weiterzugeben.

Mit dem vorliegenden Buch stellen nun der Springer Vieweg-Verlag und KettenWulf erstmals Expertenwissen zu Förderketten und Kettenrädern in kompakter Form der Allgemeinheit zur Verfügung. Der Autor, Dipl.-Ing. Reinert Linn, kann auf eine mehr als vierzigjährige KettenWulf-Betriebszugehörigkeit zurückblicken. Als ehemaliger Leiter des Verkaufs und des Produktmanagements hat er sich eine profunde Wissensbreite- und tiefe erarbeitet, die er schon in unzähligen Schulungen an junge und auch ältere KettenWulf-Mitarbeiter weitergeben konnte. Dieses Wissen und die jahrzehntelangen KettenWulf Erfahrungen sind Grundlage des Buches. Egal ob in den Händen von Mitarbeitern des eigenen Unternehmens, von Kunden, Lieferanten, Studierenden oder einfach nur technisch Interessierten: Dieses Buch will das Interesse an Förderketten und Kettenrädern wecken.

Inhalt

1 Einleitung

Inhalt

1.1 Förderketten und Kettenräder: Zuordnung in der Transport- und Fördertechnik

Wenn Personen und Güter aller Art von einem Ort zum anderen gelangen sollen, ist die Transporttechnik gefragt, die in die beiden Bereiche Verkehrstechnik und Fördertechnik eingeteilt ist. [1]. Die Verkehrstechnik übernimmt Transporte über weite Strecken und nutzt z. B. Straßen, Schienen- und Wasserwege sowie den Luftraum. Auf begrenzter Fläche, etwa innerhalb eines Betriebes, kommt die Fördertechnik zum Zuge. Zu ihren Instrumenten zählen neben Hebezeugen, Kranen oder Flurförderzeugen die Stetigförderer. Die Norm DIN 15201 Teil 1 [2] definiert Stetigförderer als mechanische, pneumatische und hydraulische Fördereinrichtungen. Mechanische Stetigförderer mit Förderketten als Zugmittel sind unter den Punkten 2 und 3 der Norm beschrieben. Bild 1.1 gibt eine Übersicht über die Zuordnung der Stetigförderer mit Förderketten als Zugmittel in der Fördertechnik.

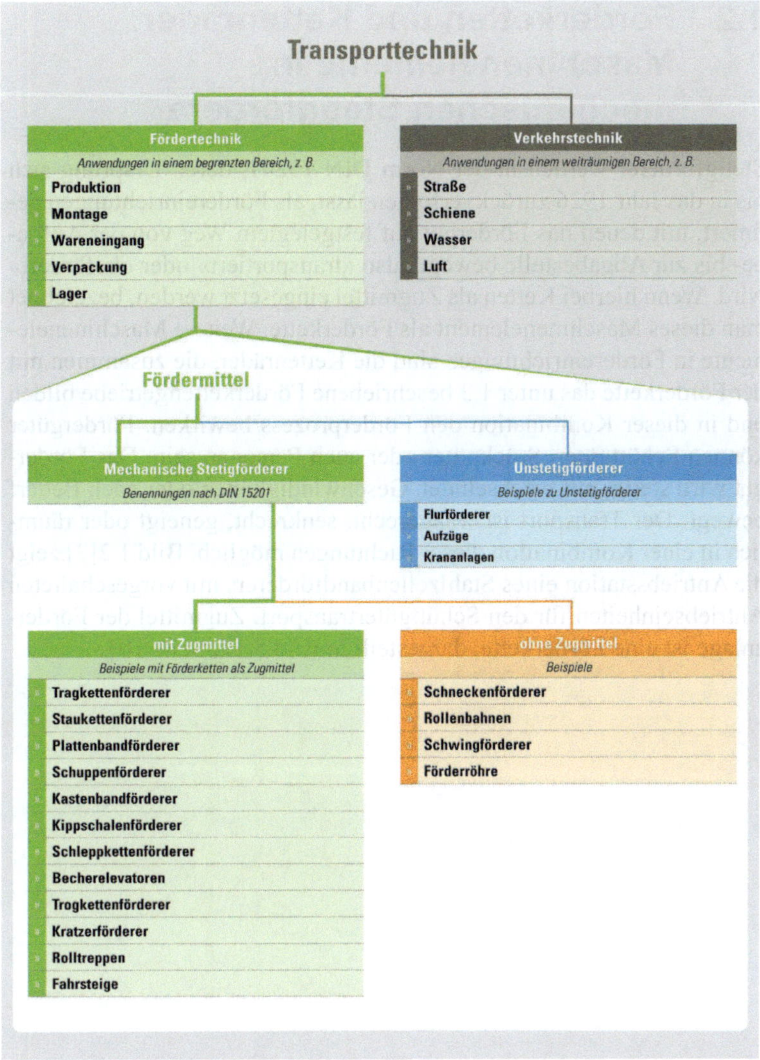

Bild 1.1 Mechanische Stetigförderer mit Zugmittel in der Fördertechnik

1.2 Förderketten und Kettenräder: Maschinenelemente in mechanischen Stetigförderer

Stetigförderer werden in der Norm DIN 15201, deren Ursprung sich bis in das Jahr 1926 zurückverfolgen lässt, als Fördereinrichtungen definiert, mit denen das Fördergut auf festgelegtem Weg von der Aufgabe- bis zur Abgabestelle bewegt, also «transportiert» oder «befördert» wird. Wenn hierbei Ketten als Zugmittel eingesetzt werden, bezeichnet man dieses Maschinenelement als Förderkette. Weitere Maschinenelemente in Fördereinrichtungen sind die Kettenräder, die zusammen mit der Förderkette das unter 1.3 beschriebene Förderkettengetriebe bilden und in dieser Kombination den Förderprozess bewirken. Fördergüter können Schüttgüter, Stückgüter oder auch Personen sein. Das Fördergut wird stetig, mit wechselnden Geschwindigkeiten oder nach Bedarf bewegt. Der Transport ist waagerecht, senkrecht, geneigt oder räumlich in einer Kombination dieser Richtungen möglich. Bild 1.2[3] zeigt die Antriebsstation eines Stahlzellenbandförderers mit vorgeschalteten Antriebseinheiten für den Schüttgütertransport. Zugmittel der Förderanlage ist eine Förderkette, dargestellt in Bild 5.13, Seite 101.

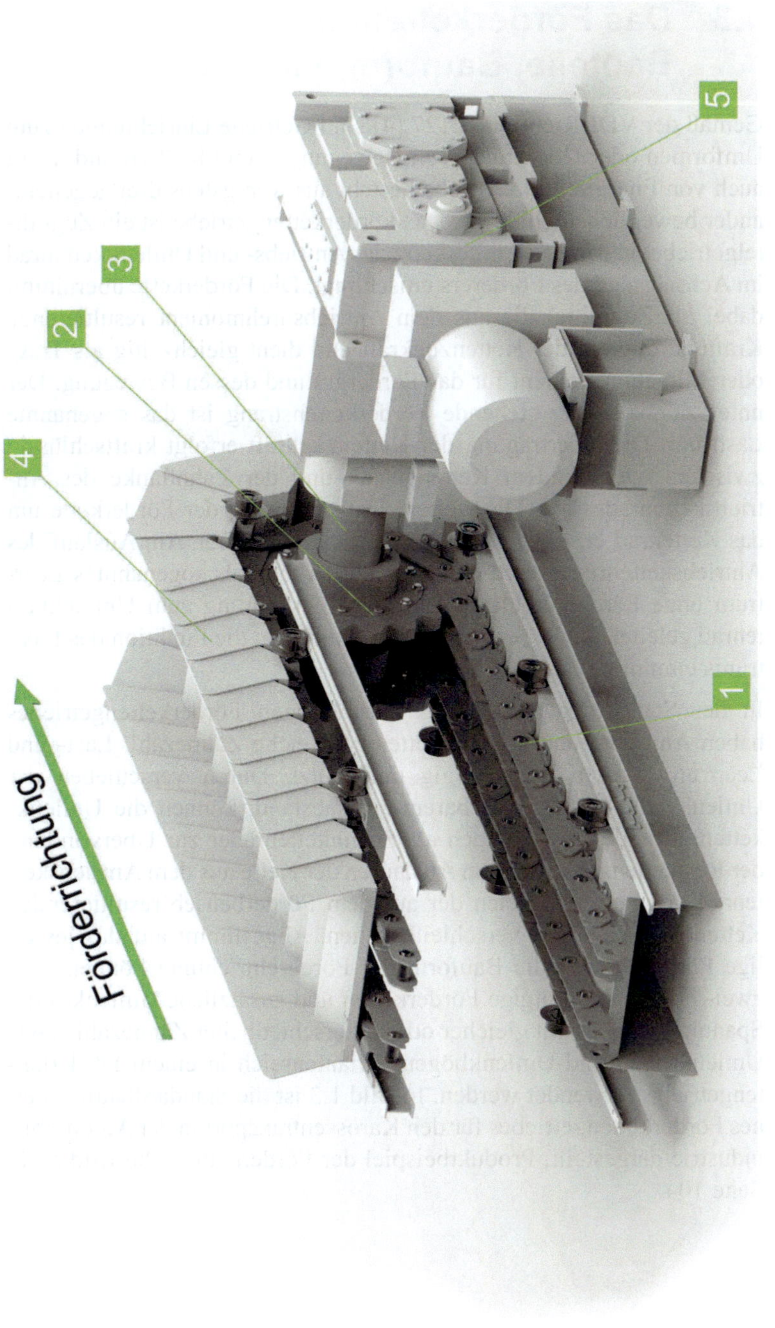

Bild 1.2 Antriebsstation eines Stahlzellenbandförderers für Schüttgüter mit vorgeschalteten Antriebseinheiten: (1) Förderkette, (2) Antriebskettenrad, (3) Antriebswelle, (4) Fördergutträger, (5) Antriebseinheit,

1.3 Das Förderkettengetriebe: Bauteile, Bauform und Funktion

Gemäß der VDI-Richtlinie 2127 [4] sind Getriebe Einrichtungen zum Umformen oder Übertragen von Bewegungen und Kräften und damit auch von Energie. Ein Getriebe besteht aus wenigstens drei gegeneinander beweglichen Gliedern. Das Förderkettengetriebe ist ein Zugmittelgetriebe, in dem die Förderkette das Antriebs- und Umlenkkettenrad im Achsabstand des Förderers umschlingt. Die Förderkette übernimmt dabei als Zugmittel die aus dem Antriebsdrehmoment resultierende Kraftübertragung der Kettenzugkraft und dient gleichzeitig als Trag- oder Mitnahmeelement für das Fördergut und dessen Bewegung. Der unter Zugbelastung stehende Förderkettenstrang ist das sogenannte Lasttrum. Die Übertragung der Kettenzugkraft erfolgt kraftschlüssig zwischen einlaufendem Kettengelenk und der Zahnflanke des Antriebskettenrades [5]. Die weitere Umschlingung der Förderkette um das Kettenrad erfolgt formschlüssig und schlupffrei. Am Auslauf des Antriebskettenrades wird dann die Förderkette als sogenanntes Leertrum ohne Fördergutbelastung in die Rückführung zum Umlenkkettenrad geleitet, an dessen Auslauf sie wiederum die Funktion des Lasttrums einnimmt.

In der Standardbauform eines einsträngigen Förderkettengetriebes haben Antriebs- und Umlenkkettenrad gleiche Zähnezahl, Last- und Leertrum werden durchgängig unterstützt. Durch Verschieben der Umlenkwelle bei veränderbarem Achsabstand, können die Umlenkkettenräder gleichzeitig auch als Spannkettenräder zur Überwindung der Restkettenzugkraft beim Auslaufen der Kette aus dem Antriebskettenrad und zum Ausgleich der aus dem Förderbetrieb resultierenden Kettenlängung durch Verschleiß dienen. Abgestimmt auf das jeweilige Fördergut und die Bauform der Fördereinrichtung können ein-, zwei- oder mehrsträngige Förderketten und zusätzliche Umlenk- oder Spannkettenräder mit gleicher oder unterschiedlicher Zähnezahl sowie Umlenkrollen und Umlenkbögen variantenreich in einem Förderkettengetriebe verwendet werden. In Bild 1.3 ist die Standardbauform eines Förderkettengetriebes für den Karossentransport in der Automobilindustrie dargestellt, Produktbeispiel der Förderkette siehe Bild 5.18, Seite 104.

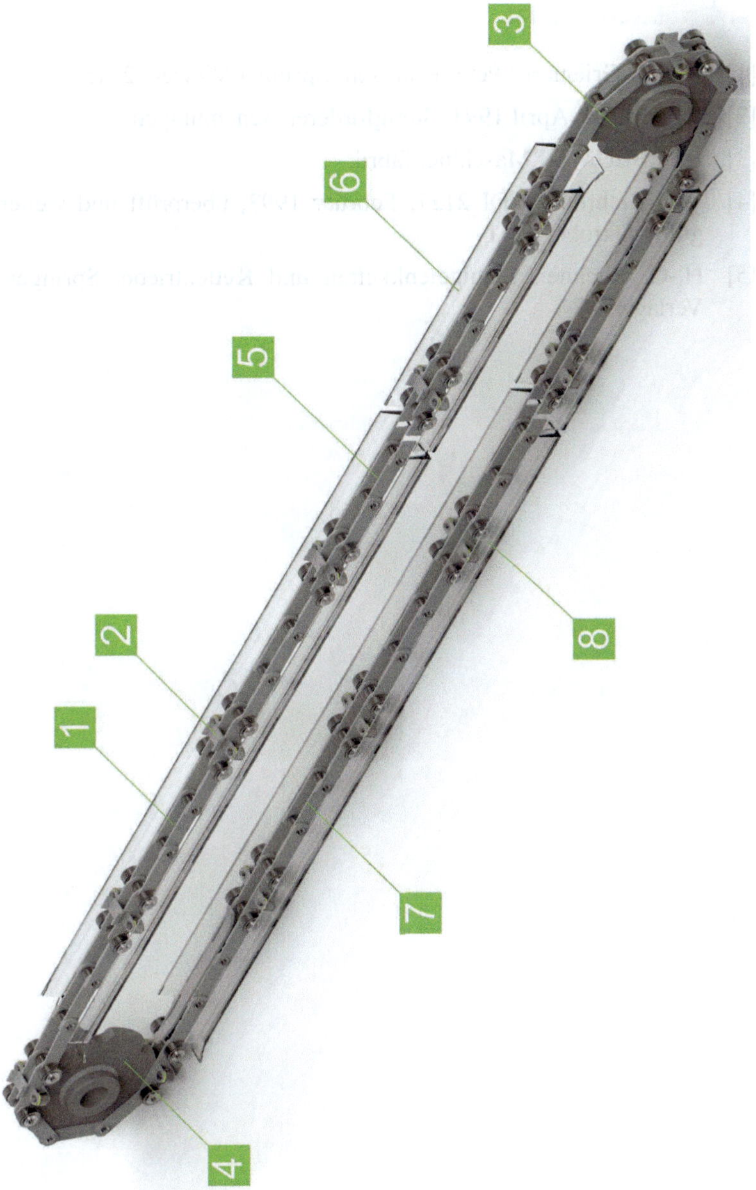

Bild 1.3 Förderkettengetriebe: (1) Förderkette, (2) Fördergutträger, (3) Antriebskettenrad, (4) Umlenk- und Spannkettenrad, (5) Lasttrum, (6) U-Profil-Laufbahn, (7) Leertrum, (8) U-Profil-Laufbahn

1.4 Literatur

[1] Rudolf Griemert / Peter Römisch, Springer Vieweg, 2015

[2] DIN 15201, April 1994, Stetigförderer Benennungen

[3] Bild BEUMER Maschinenfabrik

[4] VDI-Richtlinie VDI 2127, Februar 1993, überprüft und weiter gültig Oktober 2011

[5] H.-G. Rachner, Stahlgelenkketten und Kettentriebe, Springer-Verlag 1962

2 Förderketten

Inhalt

2.1 Definition, Entwicklung und Normung der technischen Ketten

Der Duden definiert das Wort Kette als eine „Reihe aus beweglichen, ineinandergefügten oder mit Gelenken verbundenen Gliedern“ [1]. In der technischen Anwendung dienen Ketten u.a. dazu, Lasten anzuschlagen und zu heben, Kräfte zu übertragen oder Fördergüter aller Art zu bewegen.

2.1.1 Rundstahlketten

Die Entwicklung der technischen Ketten [2] begann, als der Engländer Ph. White im Jahre 1634 für eine eiserne Ankerkette mit ineinandergefügten Gliedern aus Rundstahl das Patent erhielt. Bedingt durch die Bauweise aus Rundstahl besteht nur eine minimale Kontakt- bzw. Gelenkfläche zwischen den einzelnen Kettengliedern. Die Größe der Gelenkfläche ist ein entscheidender Faktor für die Verschleißfestigkeit einer Kette bei Bewegung der Kettenglieder unter Belastung. Mit zunehmender Größe der Gelenkfläche verringert sich die spezifische Gelenkflächenpressung bei gleichbleibender Belastung, und die Kette verschleißt weniger. Vor allem aus diesem Grund wurden die technischen Ketten weiterentwickelt. Für Rundstahlketten, bei denen die Kettenglieder aus einem Rundstahl-Vorprodukt gefertigt werden, gibt es zahlreiche Normen, die auf den jeweiligen Verwendungszweck der Ketten abgestimmt sind.

Bild 2.1
Rundstahlkette

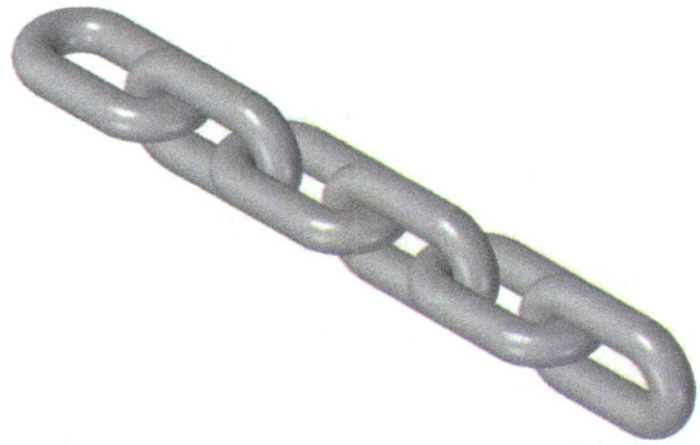

2.1.2 Gallketten

Im 18.und 19. Jahrhundert nahm die industrielle Entwicklung rasch an Fahrt auf, so auch in der Fertigungstechnik. 1829 entwickelte André Gall erstmals eine Gelenkkette. Diese nach ihm benannten Gallketten bestehen aus den Bauteilen Laschen und Bolzen. Dabei bilden die Bolzen mit den auf den Bolzenzapfen gelenkig angeordneten Laschen das Kettengelenk. Die Gelenkfläche von Gallketten ergibt sich aus der Laschenstärke, der Laschenanzahl und dem Bolzenzapfendurchmesser; sie ist dadurch größer als die der Rundstahlketten und hat deshalb bei gleicher Belastung eine höhere Verschleißfestigkeit. Gallketten sind nach DIN 8150 [3] genormt und werden als Lastketten oder für Antriebe mit geringen Leistungen bei niedrigen Geschwindigkeiten eingesetzt. Eine Weiterentwicklung der Gallketten sind die Laschenketten für Antriebe im Stahlwasserbau, deren Bauweisen und Berechnungsgrundlagen die Normen DIN 19704-1 und 19704-2 [4]definieren. Ein Beispiel dazu ist in Bild 2.2.1 dargestellt.

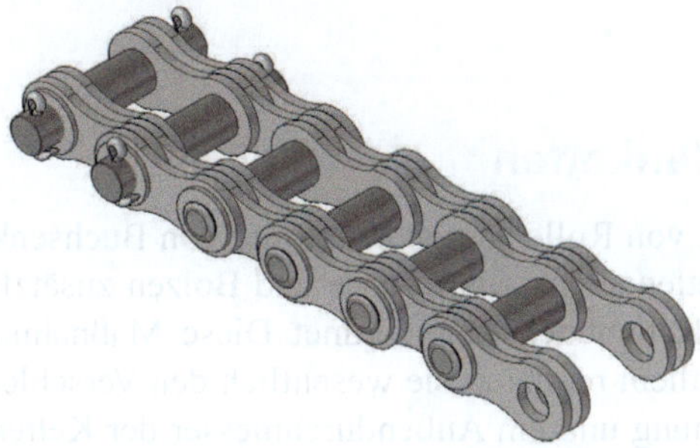

Bild 2.2
Gallkette

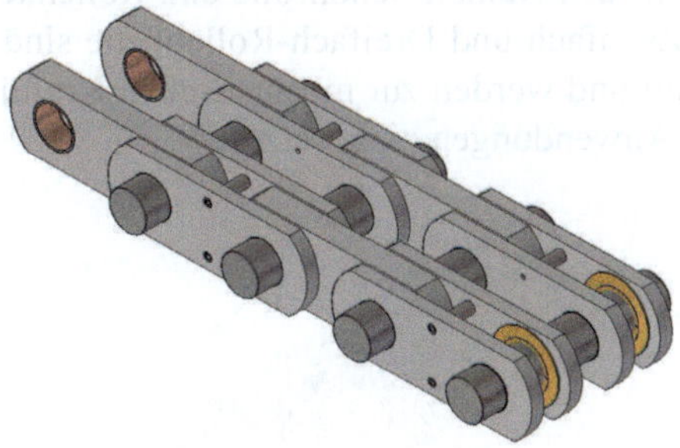

Bild 2.2.1
Laschenkette für Antriebe im Stahlwasserbau

2.1.3 Buchsenketten

Ein Meilenstein in der Entwicklung der technischen Gelenkketten war die Buchsenkette, die Hans Renold im Jahre 1880 erfand [5]. Ihre überaus große Bedeutung erlangte sie durch das Bauteil Buchse, das zusammen mit dem Bolzen das Kettengelenk bildet und der Kette ihren Namen gab. Die Laschen der Buchsenketten werden durch Pressverbindung fest mit den Buchsen und Bolzen verbunden. Sie bilden so die Baugruppen Innen- und Außenglied, die durch die Kettengelenke miteinander verbunden sind. Bolzendurchmesser und Buchsenlänge bestimmen die Größe der Gelenkfläche. Durch diese Bauweise haben

Buchsenketten eine wesentlich größere Gelenkfläche als Gallketten und sind deshalb bei gleicher Belastung sehr viel verschleißfester. Buchsenketten sind nach DIN 8164 [6] genormt und werden für langsam laufende Antriebe mit geringer Präzision verwendet.

Bild 2.3
Buchsenkette

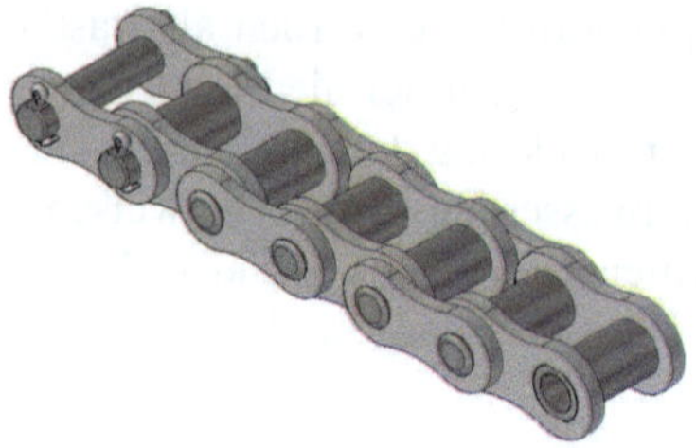

2.1.4 Rollenketten

Die Bauform von Rollenketten ähnelt der von Buchsenketten, jedoch ist in dem Kettengelenk aus Buchse und Bolzen zusätzlich noch eine Rolle auf der Kettenbuchse angeordnet. Diese Maßnahme bringt viele Vorteile, vor allem reduziert sie wesentlich den Verschleiß in der Kettenradverzahnung und am Außendurchmesser der Kettenbuchse beim Einlaufen der Kette in die Kettenräder. Diese schonende Wirkung der Rolle brachte ihr den Namen Schonrolle ein. Rollenketten der Bauarten Einfach-, Zweifach-und Dreifach-Rollenkette sind nach DIN ISO 606 [7] genormt und werden zur mechanischen Kraftübertragung und für verwandte Anwendungen eingesetzt.

Bild 2.4
Einfach-Rollenkette

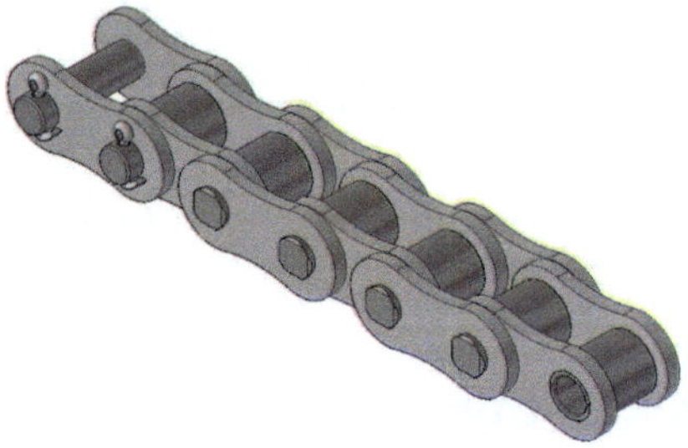

2.1.5 Förderketten

Förderketten sind eine Weiterentwicklung der Buchsenketten. Dies geht auch aus der Norm für Förderketten DIN 8165 hervor, in der die Abmessungen von Buchsen, Bolzen und der lichten Weiten aus der Norm für Buchsenketten nach DIN 8164 übernommen wurden. Häufig bezeichnet man Förderketten daher auch noch als Buchsenförderketten. Förderketten haben die Aufgabe, Güter aller Art in fördertechnischen Anlagen zu bewegen bzw. zu fördern und die dazu erforderliche Gesamtkettenzugkraft zu übertragen. Besondere Merkmale dieser Ketten sind das große Spektrum der Kettenteilungen und die Vielzahl der Befestigungsmöglichkeiten für den Anbau weiterer Bauteile. Abgestimmt auf den jeweils individuellen Anwendungsfall können die Kettengelenke mit Schonrollen, Laufrollen oder Bundlaufrollen ausgerüstet werden. Durch die Vielzahl der Bauformen und Ausstattungsmöglichkeiten haben Förderketten wesentlich zur Weiterentwicklung der Stetigförderer beigetragen und sind zu einem universellen Maschinenelement in der Fördertechnik geworden. Förderketten in Standardausführung sind nach DIN 8165 [8] und DIN ISO 1977 [9] genormt. Die folgenden Bilder zeigen deren Grundbauformen.

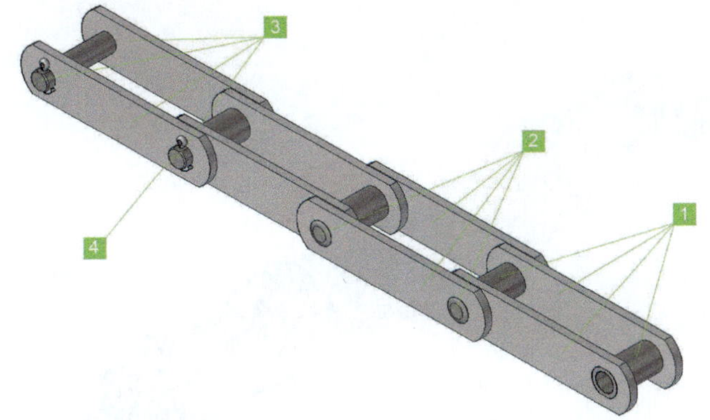

Bild 2.5 Baugruppen und Bauteile der Förderkette: Innenglied (1) bestehend aus zwei Gelenkbuchsen und zwei Innenlaschen, Außenglied (2) bestehend aus zwei Gelenkbolzen und zwei Außenlaschen, Verbindungsglied (3) bestehend aus zwei Verschlussbolzen und zwei Außenlaschen, Verschlussbolzen mit Splint (4)

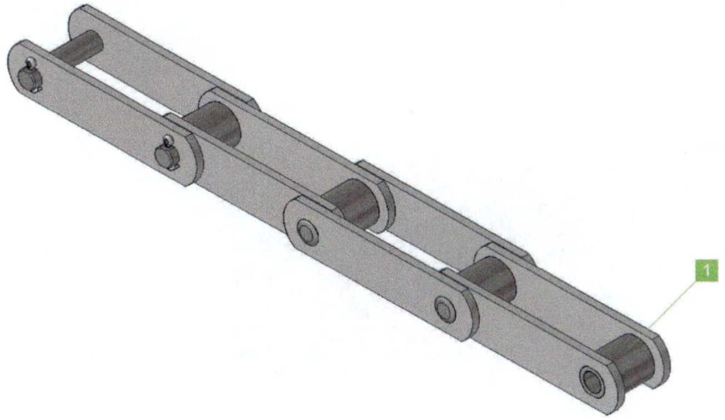

Bild 2.6 Förderkette mit zusätzlicher Schonrolle (1) zur Verschleißreduzierung beim Einlauf der Kette in die Kettenräder

Bild 2.7
Förderkette mit zusätzlicher Laufrolle (1) zur rollenden Abtragung des Fördergutes

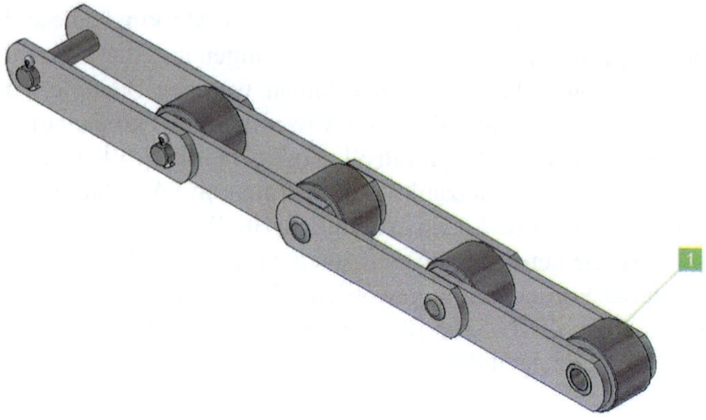

Bild 2.8
Förderkette mit zusätzlicher Bundlaufrolle (1) zur rollenden Abtragung des Fördergutes und zur Seitenführung der Kette

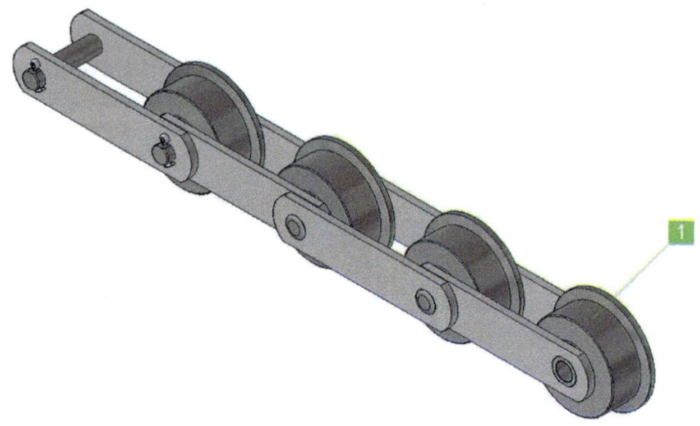

Bild 2.9
Förderkette mit Befestigungswinkeln (1) für den Anbau zusätzlicher Bauteile. Die Befestigungswinkel können an jedem Glied oder in beliebigem Abstand, einseitig, beidseitig oder in wechselnder Anordnung eingebaut sein

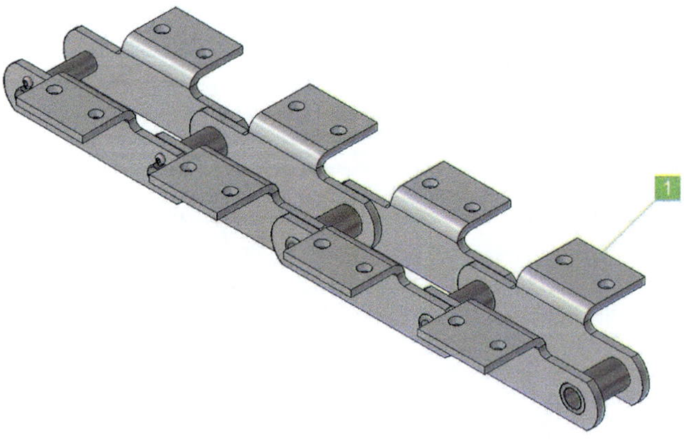

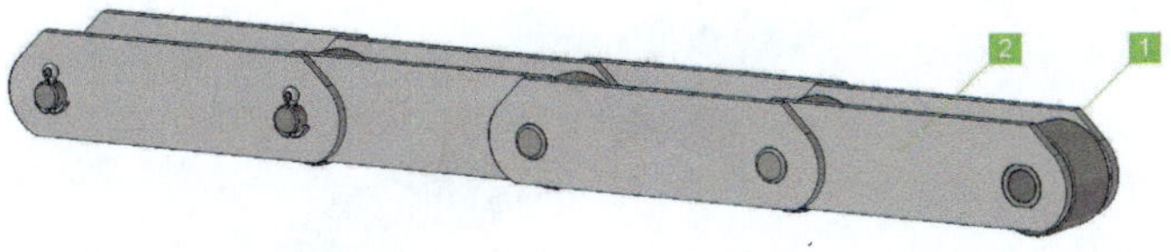

Bild 2.10
Förderkette mit Laufrollen (1) und einseitig erhöhten Traglaschen (2) (Rollentragkette) zur direkten Aufnahme des Fördergutes bzw. des Fördergutträgers auf den Laschenoberkanten

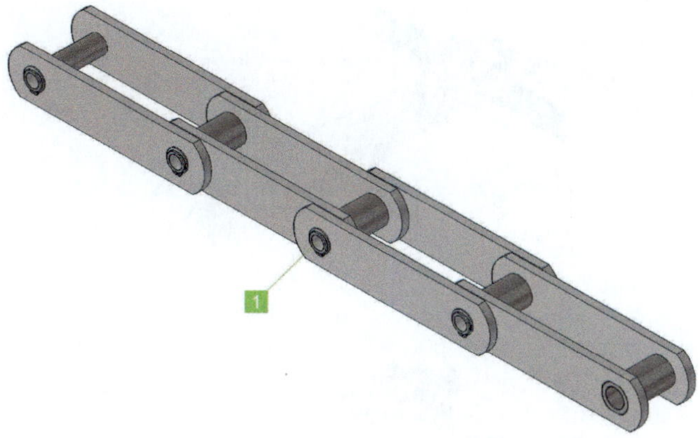

Bild 2.11
Förderkette mit Hohlbolzen (1), in die Mitnehmerelemente eingebaut werden können oder Achsen, durch die einsträngigen Ketten zu Mehrstrangketten verbunden werden können

Eine nicht genormte Bauform von Förderketten ist die Trogförderkette, die in offenen Kratzer- und in geschlossenen Trogkettenförderern zum Transport von Schüttgut eingesetzt wird. Die Trogförderkette befindet sich dabei innerhalb, oberhalb oder seitlich des Fördergutes. Der Transport kann im Ober- oder Untertrum, waagerecht, ansteigend oder senkrecht erfolgen. Die Anwendungen dieser Förderer werden in DIN 15201 Teil1 beschrieben. Abgestimmt auf den Verwendungszweck können Trogförderketten in verschiedenen Bauformen und vorzugsweise mit den Grundabmessungen der Förderketten nach DIN 8165 und DIN ISO 1977 hergestellt werden.

Bild 2.12
Trogföderkette mit L-förmig angebogenen Kratzern

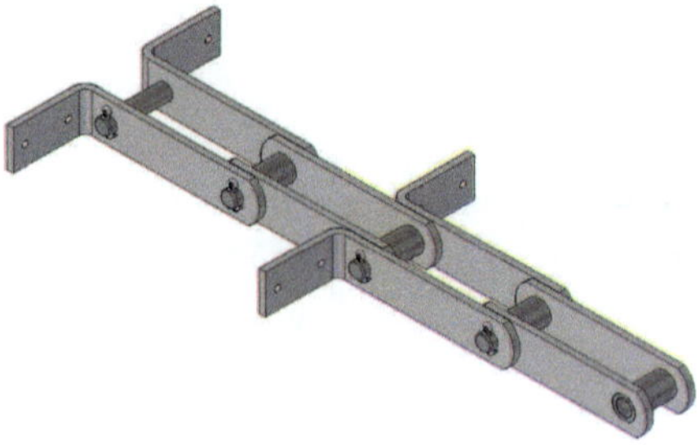

Bild 2.13
Trogförderkette mit angeschraubten Kunststoffkratzern

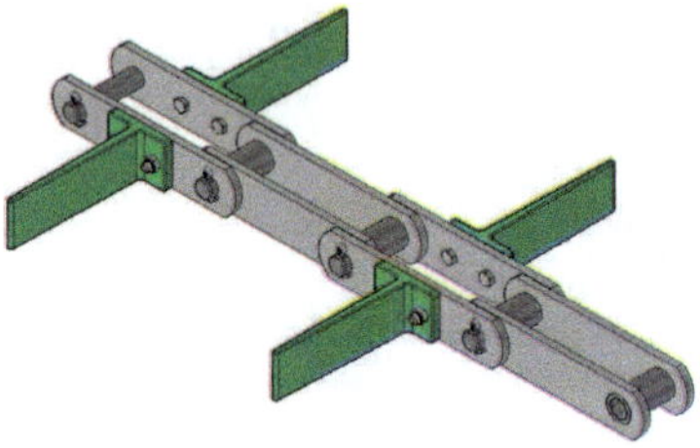

Bild 2.14
Doppelstrang – Trogförderkette mit zwischengeschraubten Kratzern

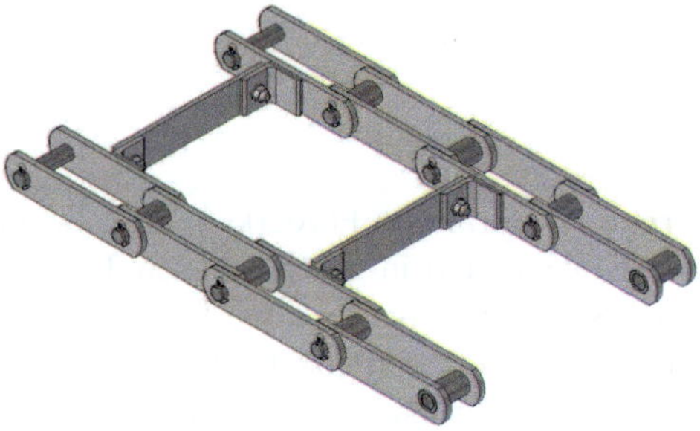

Bild 2.15
Doppelstrang – Trogförderkette mit zwischengeschraubten und angebogenen Kratzern

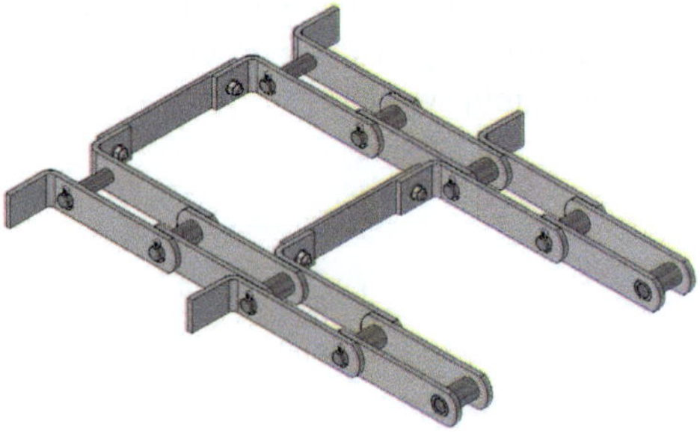

2.2 Normung der Förderketten

2.2.1 Standardförderketten nach DIN 8165

DIN 8165 ist die älteste deutsche Norm für Förderketten und geht mit der früheren Ausgabe DIN 993 bis auf das Jahr 1943 zurück. Die in DIN 8165 genormten Förderketten werden als Einstrang- oder Mehrstrangketten für fördertechnische Anlagen aller Art eingesetzt. Die Norm enthält u.a. Angaben zu Werkstoffen, der Bruchkraft und zulässigen Beanspruchungen. Diese Merkmale sind wichtige Kenndaten für die Auswahl einer Förderkette für einen bestimmten Anwendungsfall. Die Werksnormen für die Herstellung der KettenWulf Standardförderketten in Anlehnung an DIN 8165 gehen teilweise noch über die Qualitätsanforderungen der DIN 8165 hinaus. Die zugehörigen Rollen sind in DIN 8166 [10] genormt.

2.2.2 Standardförderketten nach DIN ISO 1977

Mit Veröffentlichung der DIN ISO 1977 im Dezember 2014 wurden die deutschen Normen DIN 8167 Teil 1-3 [11], DIN 8168 Teil 1-3 [12] und DIN 8169 [13] ersetzt und damit ungültig. Die Angaben zu Werkstoffen, Gelenkflächengröße und zulässigen Beanspruchungen aus den bisher geltenden Normen wurden in die neue Norm DIN ISO 1977 nicht übernommen, sodass nur die Bruchkraft als Auswahlkriterium für einen Anwendungsfall zur Verfügung steht. Alle anderen Parameter müssen gesondert vereinbart werden. Auch die Förderketten dieser Norm werden für fördertechnische Anlagen aller Art zum Transportieren von Fördergütern als Einstrang-oder Mehrstrangketten verwendet. KettenWulf Standardförderketten in Anlehnung an DIN ISO 1977 werden nach Werksnormen hergestellt, die teilweise noch über die Qualitätsanforderungen der DIN ISO 1977 hinausgehen.

2.3 Werkstoff- und Beschichtungstechniken der Förderketten

2.3.1 Werkstoffe der genormten Standardförderketten

Für Standardförderketten nach DIN 8165 sind die Kettenbauteile in folgenden Werkstoffen auszuführen: Laschen aus Stahl mit mindestens 600N/mm² Zugfestigkeit, Bolzen und Buchsen aus Einsatz- oder Vergütungsstahl. Die Wahl der Stahlsorte ist dem Hersteller freigestellt. Zudem finden sich in der Norm keine Hinweise auf eine durchzuführende Wärmebehandlung einzelner Bauteile. Für die zugehörigen Rollen nach DIN 8166 werden als Werkstoffe u.a. ebenfalls Einsatzstähle und Vergütungsstähle genannt, auch hier ohne Vorgabe oder Empfehlung einer zusätzlichen Wärmebehandlung. Bei KettenWulf werden die Kettengelenkteile Bolzen, Buchsen und Rollen nach Werksnorm zusätzlich oberflächengehärtet, um so das Verschleißverhalten dieser Bauteile zu verbessern und damit die Funktionsdauer der Förderkette zu verlängern. Die Norm DIN ISO 1977 für Standardförderketten macht keinerlei Vorgaben für die zu verwendenden Werkstoffe, deren Festigkeiten oder Wärmebehandlung.

Dennoch hat die auf den jeweiligen Anwendungsfall abgestimmte Auswahl der bestgeeigneten Kettenwerkstoffe und die Wärmebehandlung eine entscheidende Bedeutung für eine optimale Kettenausführung. Auf dem Stahlmarkt steht dafür ein umfangreiches Angebot der verschiedensten Stahlsorten zur Verfügung. Zudem entwickelt die Eisen-und Stahlindustrie ihre Erzeugnisse ständig weiter. Um eine Überschaubarkeit auch auf internationaler Ebene zu erreichen, wurde die Norm DIN EN 10020 [14] erstellt, in der die Begriffsbestimmung für die Einteilung der Stähle geregelt ist. Abschnitt 3 der Norm gliedert die Stahlsorten nach der chemischen Zusammensetzung in die drei Klassen: unlegierte, nichtrostende und andere legierte Stähle. Die Hauptgüteklassen ordnet Abschnitt 4, definiert nach den Haupteigenschafts- oder Anwendungsmerkmalen der Stahlsorten. KettenWulf verwendet für Standardförderketten unlegierte und legierte Qualitäts- und Edelstähle der Hauptgüteklassen. Der jeweils spezifische Stahl für das Kettenbauteil wird aus den Hauptgüteklassen so ausgewählt, dass er die Vorgaben der Norm, u.a. die mindest Bruchkraft, erfüllt. Dabei ist zu berücksichtigen, dass in den Stahlnormen zulässige Toleranzwerte für die Analyse und die Festigkeitseigenschaften der Werkstoffe definiert sind. Die Festigkeitseigenschaften können zusätzlich noch nach Abmessungen festgelegt sein. Dies hat zur Folge, dass z.B. die rechnerische Bruchkraft einer Förderkette von der praktischen Bruchkraft abweichen kann.

2.3.2 Optimierte Werkstoffe für besondere Anforderungen

Förderketten unterliegen im Betriebseinsatz entsprechend den mechanischen und jeweiligen anwendungsbedingten Betriebskennwerte unterschiedlichen komplexen Belastungen, sodass die einzelnen Kettenbauteile auf vielfältige Weise beansprucht werden. In Kapitel 6 Berechnungsgrundlagen werden diese Zusammenhänge näher beschrieben. Abgestimmt auf diese Anforderungen und basierend auf den Versuchsergebnissen aus Forschungs- und Entwicklungsprojekten zur Werkstofftechnik (siehe Kapitel 4) hat KettenWulf ein Portfolio definiert, welches neben den Werkstoffen für Standardförderketten zusätzlich optimierte Materialien für Förderketten mit besonderem Anforderungsprofil enthält. Eine Auswahl aus diesem Portfolio sind u.a. die Werkstoffgruppen Qualitätsstähle, Vergütungsstähle, Einsatzstähle, Automatenstähle, nichtrostende Stähle sowie Werkstoffe für Tief- und Hochtemperaturen. Zusätzlich werden Sonderwerkstoffe eingesetzt, die für die Fertigungsverfahren Lasern und Schweißen besonders geeignet sind. Dieses Werkstoffportfolio ermöglicht eine universelle Bestimmung der einzelnen Bauteilwerkstoffe, je nach den unterschiedlichen Anforderungs- und Belastungsarten der Anwendung.

2.3.3 Oberflächenveredelung durch Beschichtungen

Eine Möglichkeit, die Korrosions- und Verschleißeigenschaften der Bauteile zu verbessern und damit die Funktionsdauer der Förderkette zu erhöhen ist es, Förderkettenbauteile mit Überzügen zu beschichten. Die Fertigungsverfahren der unterschiedlichen Beschichtungstechniken sind genormt in DIN 8580, Hauptgruppe 5 (siehe Kapitel 2.4). Die Norm definiert das Beschichten als „Fertigen durch Aufbringen einer fest haftenden Schicht aus formlosem Stoff auf ein Werkstück". Unterteilt wird die Hauptgruppe 5 in weitere 8 Gruppen und 19 Untergruppen. Die Gruppen beschreiben im Wesentlichen den Ausgangszustand der Beschichtungsstoffe; in den Untergruppen sind die Beschichtungsverfahren aufgeführt. In umfangreichen Versuchen werden die Korrosions- und Verschleißbeständigkeit der vielfältigen Beschichtungsarten getestet. Als Beispiel zeigen die Bilder 2.16 bis 2.21 den Korrosionsschutztest einer metallischen Beschichtung mit zusätzlicher Passivierung und Versiegelung an Bolzen und Buchsen aus oberflächengehärtetem, legierten Einsatzstahl durch eine Salzsprühnebelprüfung nach DIN EN ISO 9227 [15]. Abgebildet sind die Bauteile ohne und mit Beschichtung jeweils zu Versuchsbeginn und nach 400 bzw. 168 Stunden Versuchsdauer. Ohne Beschichtung sind die Bauteile bereits nach 168 Stunden vollständig korrodiert, mit Beschichtung sind nach 400

Stunden lediglich Ablagerungen aus dem Salzsprühnebel sichtbar. An diesen Teilen ist weder eine Korrosion der Beschichtung (Weißrost), noch eine Korrosion des Grundwerkstoffes (Rotrost) festzustellen. Die hier getestete Beschichtung ist damit ein möglicher Korrosionsschutz für Anwendungsfälle, deren Korrosionsschutzanforderungen mit der Salzsprühnebelprüfung vergleichbar sind.

Bild 2.16 Prüfteile ohne Beschichtung bei Versuchsbeginn

Bild 2.17 Prüfteile ohne Beschichtung nach einer Versuchsdauer von 168 Stunden

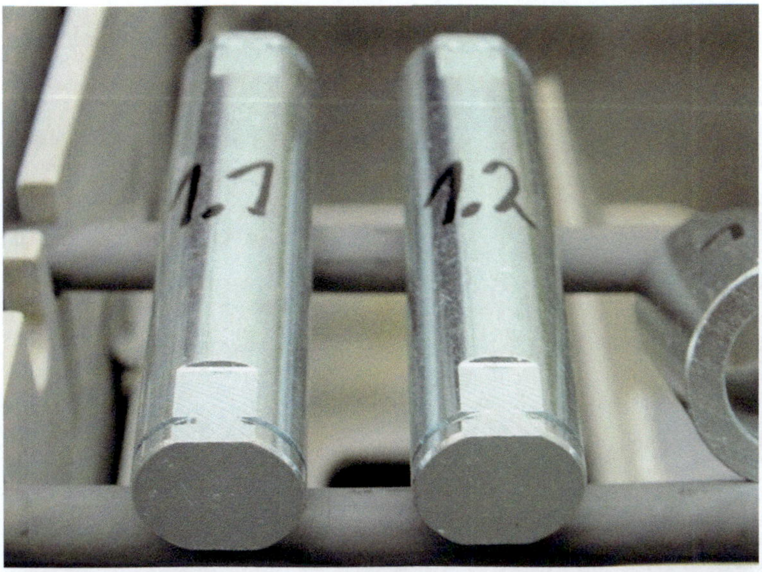

Bild 2.18 Bolzen mit Beschichtung bei Versuchsbeginn

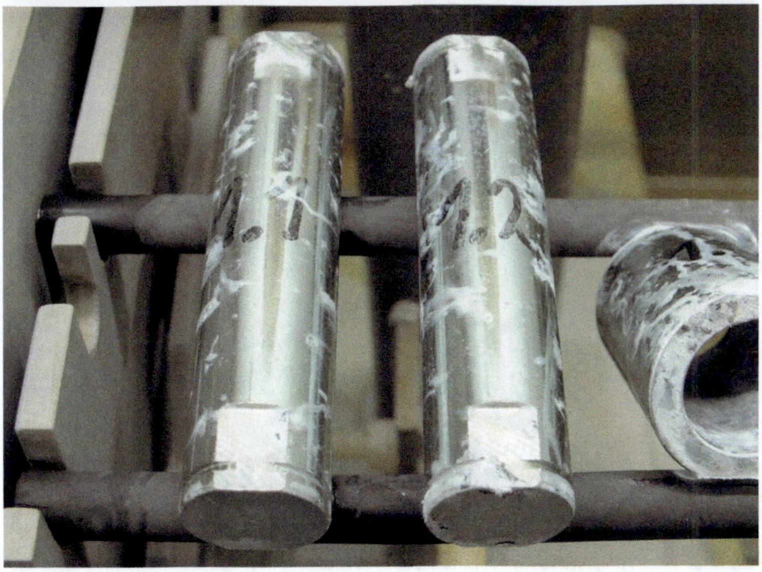

Bild 2.19 Bolzen mit Beschichtung nach einer Versuchsdauer von 400 Stunden

Bild 2.20
Buchsen mit Beschichtung bei Versuchsbeginn

Bild 2.21
Buchsen mit Beschichtung nach einer Versuchsdauer von 400 Stunden

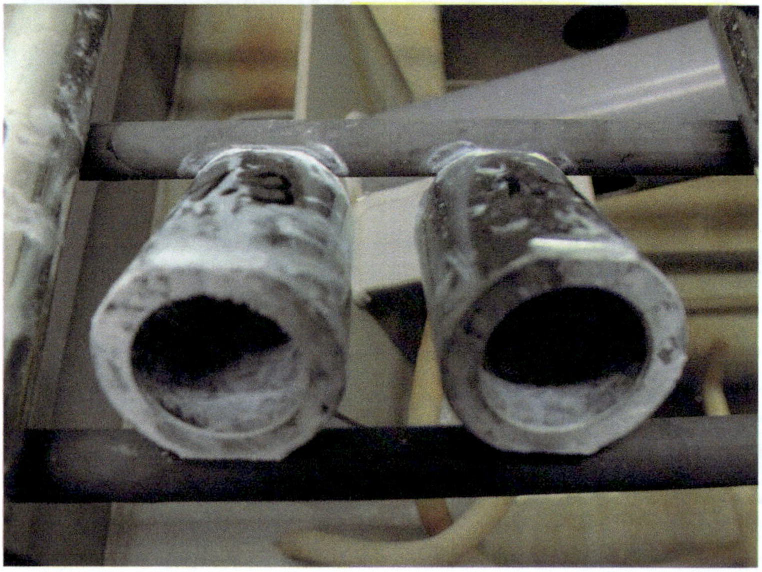

Der Versuchsaufbau einer praxisbezogenen Medienbeständigkeitsprüfung an den Bauteilen einer Förderkette für die Pkw-Endmontage in der Automobilindustrie ist in Bild 2.22 dargestellt. Die einzelnen Bauteile werden im Versuchsablauf mit allen in einem Pkw vorkommenden Flüssigkeiten wie z.B. Benzin, Bremsflüssigkeit, Kühlflüssigkeit, Scheibenwischwasser usw. auf Korrosionsbeständigkeit geprüft. Nur die Werkstoffe und Beschichtungen mit positivem Versuchsergebnis gegenüber allen Testflüssigkeiten dürfen für die Herstellung der Förderkettenbauteile verwendet werden.

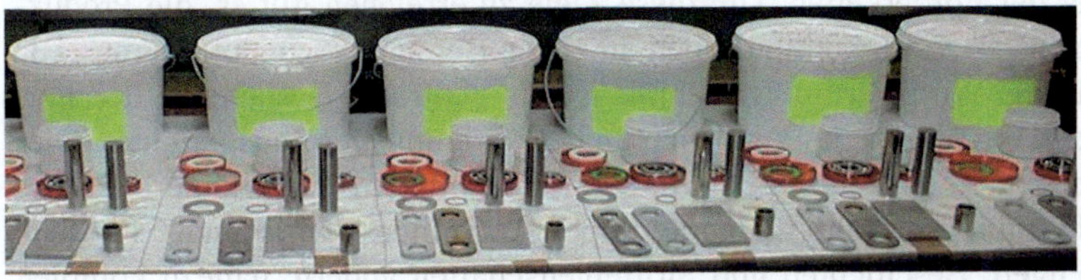

Bild 2.22 Korrosionstest an Kettenbauteilen mit Prüfmedien aus der Automobilindustrie

Zusätzlich zu den Korrosionsschutzprüfungen wird das Verschleißverhalten von Beschichtungen auf Prüfständen untersucht, die in Kapitel 4.3 näher vorgestellt werden. Aufbauend auf den Ergebnissen dieser Versuchsreihen und dem Know-how langjähriger Praxiserfahrungen wurde eine Werksnorm mit unterschiedlichen Beschichtungssystemen entwickelt, die für viele Anwendungen geeignete Lösungen vorschlägt, ohne zeitaufwendige, projektbezogene Labor- oder Praxisversuche durchführen zu müssen.

2.4 Fertigungstechniken der Förderketten

2.4.1 Fertigungsverfahren zur Herstellung genormter Standardförderketten

Die Fertigungstechnik muss Wirtschaftlichkeit, Energieeffizienz, Nachhaltigkeit und Umweltschutz sicherstellen und hat entscheidenden Einfluss auf Produktqualität, Funktionssicherheit und Lebensdauer der Förderketten. Um diese Ziele zu erreichen gilt es, die Produktionsprozesse kontinuierlich in allen Bereichen zu optimieren. Die KettenWulf-Fertigungstechnik ist als zentraler Bestandteil der Förderkettenherstellung auf maximale Fertigungstiefe ausgerichtet. Dies bedeutet, dass die in DIN 8580 [16] definierten und erläuterten sechs Fertigungsverfahren-Hauptgruppen Urformen, Umformen, Trennen, Fügen, Beschichten und Stoffeigenschaften ändern, nahezu komplett im Unternehmen umgesetzt werden. Die genannten Hauptgruppen werden in der Norm nochmals in weitere Gruppen und Untergruppen unterteilt und mit Hinweisen auf weitere anzuwendende Normen im Detail spezifiziert. Für die Fertigungsverfahren der vier Hauptgruppen Umformen, Trennen, Fügen und Stoffeigenschaften ändern stehen bei KettenWulf modernste Maschinen und Fertigungseinrichtungen zur Verfügung. Als Vormaterialien zur Produktion der Förderkettenbauteile werden Halbzeuge wie Rundstahl gewalzt oder gezogen, Spezialrohre, Flachstahl, Breitflachstahl, Bleche in Standard-, Sonder-und Laserblechqualitäten sowie Schmiederohlinge verwendet, die durch Weiterverarbeitung der Urformen-Erzeugnisse der Hauptgruppe 1 hergestellt wurden. Die Spezialarbeiten der Oberflächenbeschichtung entsprechend der Hauptgruppe 5 (siehe Kapitel 2.3.3) führen qualifizierte Partnerfirmen nach unseren Vorgaben aus. Abgestimmt auf die geforderten Eigenschaften des herzustellenden Bauteiles und ausgerichtet auf eine wirtschaftliche Herstellung wird das jeweils am besten geeignete Fertigungsverfahren festgelegt. Einige der angewandten Verfahren werden nachfolgend kurz vorgestellt:

Fertigungsverfahren Stanzen (Scherschneiden), Untergruppe der Hauptgruppe 3, Trennen.

Stanztechnik ermöglicht die effektive Serienfertigung der Kettenlaschen. Die in Eigenfertigung hergestellten Präzisions-Stanzwerkzeuge gewährleisten die erforderliche Maßgenauigkeit und Oberflächengüte der Stanzflächen.

Bild 2.23
Hydraulikpresse

Fertigungsverfahren Schweißen, Untergruppe der Hauptgruppe 4, Fügen.

Auf teil- und vollautomatisierten, robotergestützten Schweißanlagen verbinden wir mit dem MAG-Verfahren präzise und rationell Kettenlasche und Befestigungswinkel zur Baugruppe Mitnehmerlasche.

Bild 2.24 Schweißroboter

Fertigungsverfahren Drehen, Untergruppe der Hauptgruppe 3, Trennen.

Rollen für Förderketten werden in unterschiedlichsten Bauformen benötigt. Die Fertigung erfolgt auf CNC-Sonderdrehzentren, die Voraussetzung für eine rationelle und maßpräzise Herstellung sind.

Bild 2.25 CNC-Drehzentrum

Fertigungsverfahren Drehen und Fräsen, Untergruppe der Hauptgruppe 3, Trennen.

Drehbearbeitung und das Fräsen der Verdrehschutzflächen an den Kettenbuchsen und Kettenbolzen erfolgen auf Sondermaschinen in einem Fertigungsprozess, was eine wirtschaftliche und qualitativ hochwertige Fertigung der Bauteile gewährleistet.

Bild 2.26 Kombinierte Dreh- und Fräsbearbeitung einer Kettenbuchse

Fertigungsverfahren Einsatzhärten, Untergruppe der Hauptgruppe 6, Stoffeigenschaften ändern.

Die Oberflächenhärte und die Härtetiefe CHD der Kettengelenkteile Bolzen, Buchsen und Rollen sind entscheidende Faktoren für die Verschleißfestigkeit und die Funktionsdauer der Förderketten. Beim Einsatzhärten handelt es sich um ein Verfahren der Wärmebehandlung zur Oberflächenhärtung nach DIN 17022 Teil 3 [17]. Der Härteprozess selbst ist ein thermisch-chemisches Verfahren, das die Schritte Erwärmen, Aufkohlen oder Carbonitrieren und Abkühlen beinhaltet. Abgestimmt auf den zu härtenden Werkstoff und die geforderten Gebrauchseigenschaften des Bauteiles kann nach dem Härten ein zusätzliches Anlassen, also die Wiedererwärmung auf ein bestimmtes Temperaturniveau, erforderlich sein. Werkstoffspezifisch werden die Abläufe in Zeit-Temperatur-Umwandlungsschaubildern (ZTU) detailliert dargestellt. Verwendet werden überwiegend Einsatz- und Automatenstähle mit einem Kohlenstoffgehalt von ca. 0,07 bis 0,25 %, der zur Oberflächenhärtung auf einen Randkohlenstoffgehalt von ca. 0,75 % angereichert wird.

Bei der Einsatzhärtung wird prozessbedingt die gesamte Oberfläche des Bauteiles gehärtet. Sollte es erforderlich sein, dass bestimmte Bereiche des Bauteiles nicht aufgekohlt und damit nicht gehärtet werden sollen, können diese Flächen z.B. mit einer Paste oder einer Kupferschicht gegen Aufkohlung geschützt werden. Die Oberflächenhärte und die Einhärtetiefe werden auf das Bauteil und dessen Verwendungszweck jeweils individuell abgestimmt. Differenziert nach Gewicht und Größe der Bauteile erfolgt die Einsatzhärtung in Band-, Durchstoß- oder Mehrkammeröfen mit einem entsprechenden Gas als Aufkohlungsmittel und zusätzlicher Stickstoffanreicherung beim Carbonitrieren.

Bild 2.27
Einsatzhärtung in einem Bandofen

Fertigungsverfahren Durchlaufschleifen, Untergruppe der Hauptgruppe 3, Trennen.

Durchlaufschleifen ist das rationellste Fertigungsverfahren, um Bauteile mit hoher Maßgenauigkeit und Oberflächengüte durch Schleifen herzustellen. Für Bolzen und Buchsen sind diese Qualitätsmerkmale besonders wichtig, da Maßgenauigkeit die Voraussetzung für eine optimale Pressverbindung mit den Kettenlaschen ist und eine geschliffene Oberfläche die Reibungskräfte im Förderkettengelenk z.B. beim Ablauf der Förderkette über die Kettenräder reduziert.

Bild 2.28 Durchlaufschleifen

Fertigungsverfahren Montieren, Untergruppe der Hauptgruppe 4, Fügen.

Die als Einzelbaugruppen vormontierten Innen- und Außenglieder werden im letzten Arbeitsgang der Förderkettenfertigung unter hydraulischen Pressen zu kompletten Kettensträngen montiert.

Bild 2.29 Förderkettenmontage

2.4.2 Optimierte Fertigungsverfahren für besondere Anforderungen

Sollen Förderketten gegenüber den genormten Standardförderketten höhere Belastungs- und/oder Qualitätsanforderungen erfüllen, muss dies auch bei der Auswahl der Fertigungsverfahren berücksichtigt werden. Daher nutzt KettenWulf auch spezielle Fertigungsverfahren, die für den Bedarfsfall jeweils am besten geeignet und besonders wirtschaftlich sind. Hierzu einige Beispiele:

Fertigungsverfahren Lasern, Untergruppe der Hauptgruppe 3, Trennen.

Lasern ist ein thermisches Trennverfahren mit dem bei KettenWulf vorzugsweise Kettenlaschen mit komplexen Konturen in einem Arbeitsprozess aus speziellen Laserblechen ausgeschnitten werden. Der Schneidvorgang mit dem Laserstrahl erzeugt eine Oberfläche von hoher Qualität, die zur Werkstückoberseite optimal rechtwinklig liegt und mit präziser Maßhaltigkeit ausgeführt ist. Dadurch ist eine hochwertige Verbindung mit den bei der Kettenmontage einzupressenden Buchsen und Bolzen gewährleistet. Wenn die Anlagenparameter entsprechend eingestellt sind und für das Lasern geeignete Bleche verwendet werden, lassen sich mit diesem Verfahren auch hochfeste und nichtrostende Werkstoffe schneiden. Lasertechnik reduziert gegenüber der Stanztechnik die Anzahl der Arbeitsgänge in der Laschenfertigung und erübrigt die Anfertigung von Stanzwerkzeugen. Neben technischen Vorteilen bietet die Lasertechnik somit auch wirtschaftlichen Nutzen.

Bild 2.30
Laserschneiden

Fertigungsverfahren Fräsen und Bohren, Untergruppe der Hauptgruppe 3, Trennen.

Spanende Fertigungsverfahren kommen bei KettenWulf in der Laschenfertigung dann zur Anwendung, wenn Stanzen und Lasern technisch oder infolge spezieller Qualitätsanforderungen nicht möglich sind. Technischer Grund für eine spanende Bearbeitung ist meist die Dicke des Werkstücks, da mit Stanzen und Lasern nur eine begrenzte Materialstärke bearbeitet werden kann, die jeweils von Werkstoff- und Maschinenparametern abhängt. In Bild 2.31 ist eine Blocklasche zu sehen, deren Außenkonturen gefräst und die Teilungslöcher durch Bohren und Spindeln hergestellt werden.

Bild 2.31 Blocklaschenbearbeitung

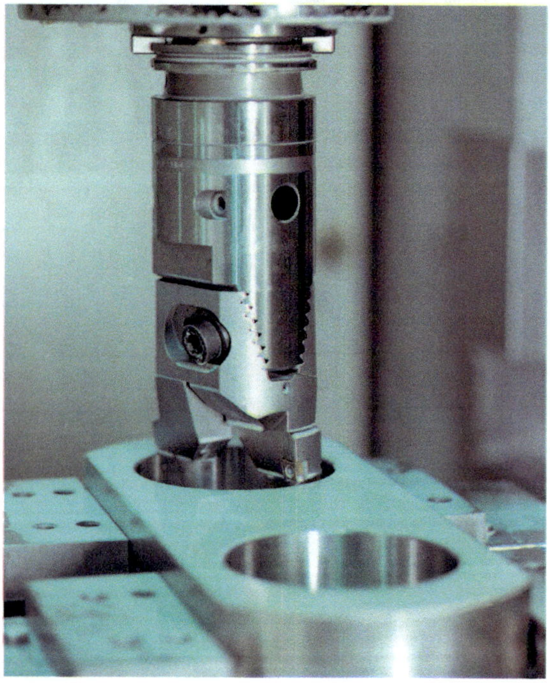

Ein Beispiel für die spanende Bearbeitung der Kettenlaschen infolge spezieller Qualitätsanforderung zeigt Bild 2.32. Zu sehen ist eine gestanzte Lasche, deren Teilungslöcher durch Konturfräsen nachbearbeitet werden. Dieses Verfahren gewährleistet optimale Oberflächengüte und höchste Präzision für eine spätere hochfeste Verbindung mit den in die Teilungslöcher einzupressenden Buchsen und Bolzen. Bei Förderketten sind diese Eigenschaften dann besonders wichtig, wenn Anwendungsfälle hohe dynamische Beanspruchungen der Ketten hervorrufen und damit maximale Anforderungen an die Pressverbindungen der Laschen mit den Buchsen und Bolzen stellen.

Bild 2.32 Konturfräsen der Teilungslöcher

Fertigungsverfahren Biegen, Untergruppe der Hauptgruppe 2, Umformen.

Diese Umformtechnik ermöglicht bei entsprechender Stückzahl eine rationelle Fertigung von Mitnehmerlaschen. Auf speziell für diesen Arbeitsgang konzipierten Einrichtungen werden die Biegezonen vor der Umformung induktiv erwärmt, um Biegerisse zu verhindern und somit die spätere Funktionssicherheit der Mitnehmerlaschen sicherzustellen. Angebogene Befestigungswinkel haben sich als technisch gleichwertige und kostengünstige Alternative zu angeschweißten Befestigungswinkeln erwiesen.

Bild 2.33 Biegen der induktiv erwärmten Mitnehmerlasche

Fertigungsverfahren Vergüten, Untergruppe der Hauptgruppe 6, Stoffeigenschaften ändern.

Bild 2.34
Vergütungsofen

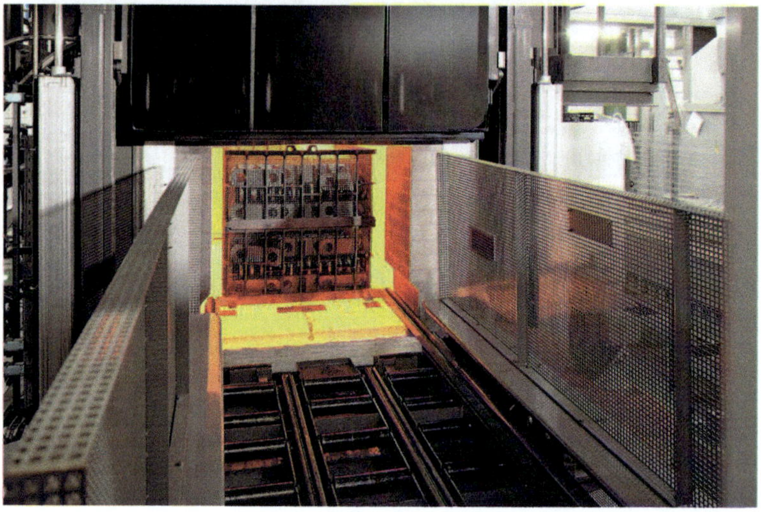

Vergüten ist ein Verfahren der Wärmebehandlung nach DIN 17022 Teil 1 [18]. Beim Vergütungsprozess wird das Material erwärmt, abgekühlt und angelassen. Mit dieser thermischen Behandlung kann die mechanische Festigkeit der Werkstoffe erhöht und ein besonders günstiges Verhältnis zwischen Zähigkeit und Festigkeit hergestellt werden. Diese Werkstoffeigenschaften sind für Förderketten dann von besonderer Bedeutung, wenn ihre Bauteile in Anwendungen stark dynamisch und/oder stoßartig belastet werden. Durch Vergüten lassen sich Bolzen, Buchsen, Rollen und Laschen individuell spezifischen Belastungen anpassen. Dies setzt die Auswahl eines geeigneten Vergütungswerkstoffes voraus. Zur Anwendung kommen überwiegend Vergütungsstähle mit einem Kohlenstoffgehalt ab ca. 0,3 %. Auch martensitische, nichtrostende Stähle können vergütet werden. Für alle Materialien sind die werkstoffspezifischen Vergütungsvorschriften zu beachten.

Fertigungsverfahren Induktivhärten, Untergruppe der Hauptgruppe 6, Stoffeigenschaften ändern.

Das Induktionshärten ist ein Verfahren der Wärmebehandlung zur Randschichthärtung nach DIN 17022 Teil 5 [19]. Beim Härteprozess erwärmt man induktiv die Bauteilrandschicht auf Austenitisierungstemperatur und kühlt anschließend z.B. mit einer Abschreckbrause ab. Die Vorgänge, bei denen Erwärmen und Abkühlen das Gefüge umwandeln, werden in werkstoffspezifischen Zeit-Temperatur-Austenitisier (ZTA)- und Zeit-Temperatur-Umwandlungs(ZTU)-Schaubildern dargestellt. Verwendet werden überwiegend Vergütungsstähle mit einem Kohlenstoffgehalt ab ca. 0,3 %. Auch martensitische, nichtrostende Stähle lassen sich induktiv härten, jedoch muss danach die prozessbedingt entstandene Anlauffarbe zur Erhaltung der Korrosionsbeständigkeit beseitigt werden. Die Induktivhärtung erfolgt auf speziell dafür konzipierten Härteanlagen, die jeweils auf das zu härtende Bauteil abgestimmt sind. Wie bei der Einsatzhärtung werden Oberflächenhärte und die Härtetiefe SHD auf das Bauteil und dessen Verwendungszweck individuell abgestimmt. Wesentlicher Vorteil der Induktionshärtung ist die hohe erreichbare Härtetiefe und damit die Bildung eines großen Abnutzungsvorrates gegen Verschleiß sowie die Möglichkeit der örtlichen Begrenzung der Härtezone durch entsprechende Steuerung von Induktionsspule und Abschreckbrause.

Bild 2.35
Induktive Rollenhärtung

Fertigungsverfahren Montieren, Untergruppe der Hauptgruppe 4, Fügen.

Für die Serienfertigung einzelner Baugruppen wie Innen- und Außenglieder haben wir Roboter-Montagezentren konzipiert, die eine vollautomatische und damit kostengünstige Montage realisieren.

Bild:2.36
Robotermontage

2.5 Erstschmierung und Konservierung der Förderketten

2.5.1 Erstschmierung

Nach DIN 8165 lautet der Hinweis für Standardförderketten zur Schmierung bzw. Konservierung: „geölt oder gefettet, nach Wahl des Herstellers, andere Ausführung nach Vereinbarung“. Keine Angaben hierzu gibt es in DIN ISO 1977. Wird nichts anderes vereinbart, erhalten in der KettenWulf-Fertigung alle Gelenkteile der Standardförderketten bei der Baugruppenmontage der Innen-und Außenglieder eine Erstschmierung mit einem Standardschmierstoff. Dadurch ist gewährleistet, dass die Förderkettengelenke bereits mit Schmiermittel versorgt sind, sobald sie in Betrieb gehen. So kann einem möglichen Anfangsverschleiß bei einer verzögerten Wirkung der bauseitigen Betriebsschmierung vorgebeugt werden.

Bild 2.37 Gelenkbolzen-Erstschmierung für die Reibstelle Bolzen / Buchse

Bild 2.38 Gelenkbuchsen-Erstschmierung für die Reibstelle Buchse / Rolle

2.5.2 Konservierung

In der Regel folgt bei KettenWulf als letzter Arbeitsgang nach Endmontage der Standardförderketten eine Tauchbad-Konservierung in einem Standardöl, um die Förderkette auf dem Transport zur Verwendungsstelle kurzzeitig vor Korrosion zu schützen. Abweichungen hiervon müssen gesondert vereinbart werden.

Bild 2.39 Tauchkonservierung der Förderketten

2.6 Instandhaltung der Förderketten

Die Bauteile von Förderketten unterliegen in der Anwendung einer betriebsbedingten Abnutzung, die u.a. durch Reibung, Korrosion, Materialermüdung oder auch durch Umgebungsmedien hervorgerufen werden kann. Darum müssen Instandhaltungsmaßnahmen getroffen werden, mit denen die Betriebssicherheit und eine möglichst lange Funktionsfähigkeit der Förderkette sichergestellt werden kann. In DIN 31051 [20] sind die Grundmaßnahmen der Instandhaltung definiert, nämlich Wartung, Inspektion, Instandsetzung und Verbesserung. Der Betreiber der Förderanlage muss diese Vorgaben auch für das Maschinenelement Förderkette anwenden. Umfang und Optimierungsmöglichkeiten der Instandhaltungsmaßnahmen hängen auch von der Bauform der Förderkette ab, siehe dazu Kapitel 4, Weiterentwicklung.

2.6.1 Wartung der Förderketten

DIN 31051 formuliert Wartung als „Maßnahmen zur Verzögerung des Abbaus des Abnutzungsvorrates". Bei Förderketten kann u.a. die Oberflächenhärtung der Rollen und Gelenkteile als Abnutzungsvorrat bezeichnet werden, da bei Verschleiß (Verbrauch) der Oberflächenhärtung die Funktionssicherheit der Förderkette gefährdet ist. Maßgebliche Faktoren für den Verbrauch dieser Oberflächenhärtung sind die Schwenkbewegungen der Gelenkbauteile, wenn die Förderkette über die Kettenräder läuft, und bei Förderketten mit Rollen zusätzlich deren Drehbewegungen auf den Laufbahnen. Diese Bewegungen erzeugen Reibung und damit Verschleiß an den Kontaktflächen, dargestellt in den Bilder 2.40 bis 2.45.

Um den Verschleiß zu reduzieren und damit die Funktionsfähigkeit zu verlängern, ist als Wartungsmaßnahme eine Schmierung der Reibstellen erforderlich. Schmiermittel, -menge und -intervalle sind den jeweiligen Betriebsbedingungen anzupassen. Reinigungsarbeiten sind in DIN 31051 zwar nicht vorgeschrieben, sollten aber im Zuge der Wartungsarbeiten mit durchgeführt werden, um einen ordnungsgemäßen Betrieb zu gewährleisten.

Bild 2.40
Förderkette ohne Rollen: Gelenkreibstelle bei einlaufendem Außenglied

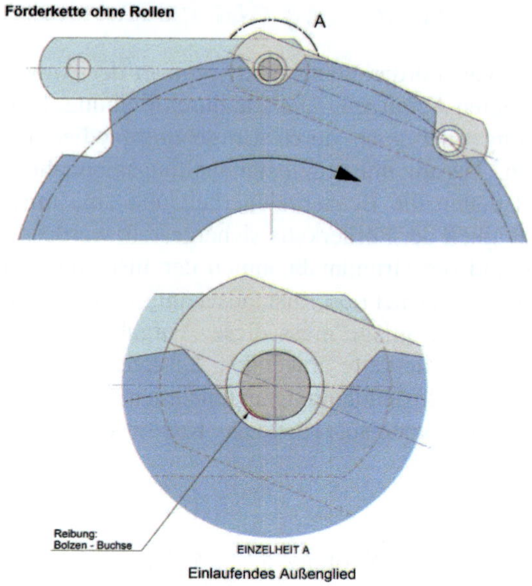

Bild 2.41
Förderkette ohne Rollen: Gelenkreibstellen bei einlaufendem Innenglied

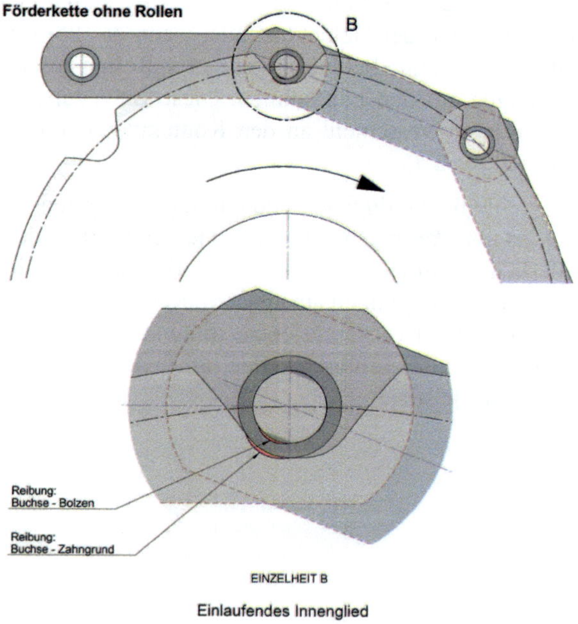

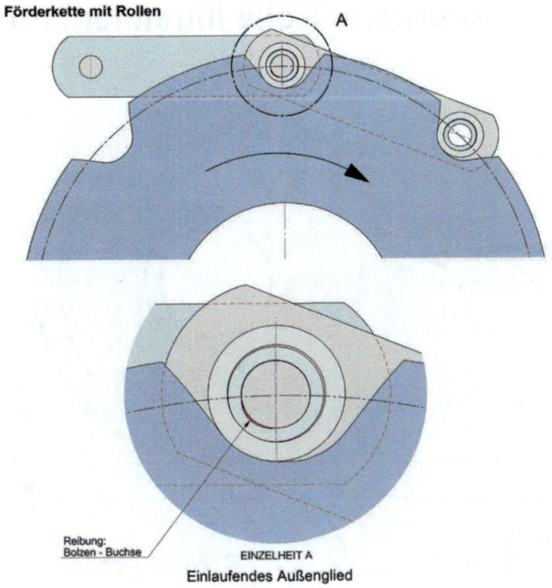

Bild 2.42
Förderkette mit Rollen: Gelenkreibstelle bei einlaufendem Außenglied

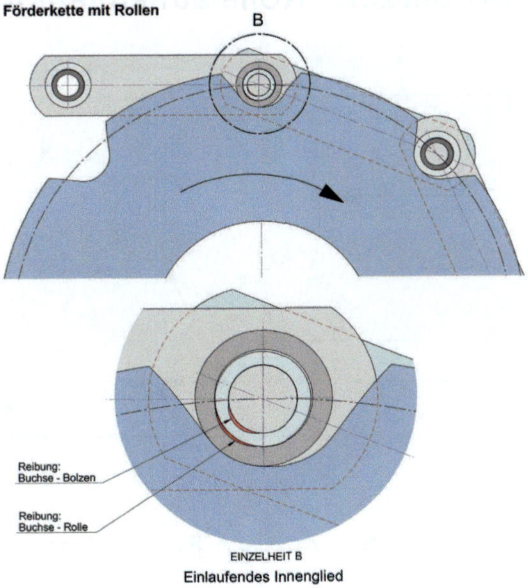

Bild 2.43
Förderkette mit Rollen: Gelenkreibstellen bei einlaufendem Innenglied

Bild 2.44 Förderkette mit Rollen innenliegend: Reibstelle Rolle / Gelenkbuchse

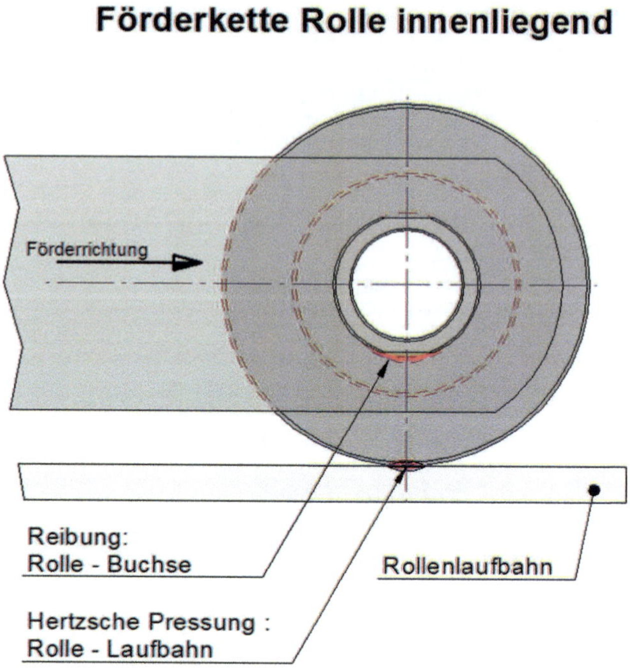

Bild 2.45 Förderkette mit Rollen außenliegend: Reibstelle Rolle / Gelenkbolzenzapfen

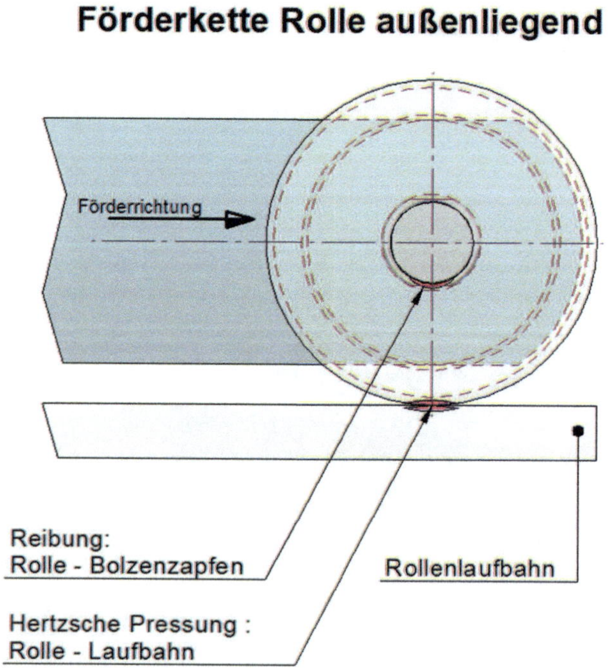

2.6.1.1 Ölschmierung

Die Ölschmierung von Förderketten kommt in der Praxis am häufigsten vor, da sie üblicherweise von automatischen Tropf- bzw. Sprühanlagen ausgeführt werden kann (Bild 2.46) und somit keine bzw. nur geringe Personalkosten anfallen. Durch Veränderung der Durchflussmenge und/oder der Zeitintervalle lässt sich die Intensität des Schmierens steuern. Damit der Schmierstoff zu den Reibstellen gelangen kann, muss sein Zufluss allerdings richtig positioniert sein. Ein Nachteil dieser Betriebsschmierung ist, dass mit dem Aufbringen des Schmierstoffes auch Schmutzpartikel von außen in die Förderkettengelenke gelangen und dadurch den Verschleiß an den Reibstellen sogar noch beschleunigen können. Auch kann es passieren, dass Schmierstoff auf die Laufschiene tropft; dies kann besonders bei Förderketten mit Laufrollen das Drehverhalten der Rolle auf der Laufbahn verschlechtern und diese zum Stillstand bringen: Eine Gleitbewegung zwischen Rolle und Laufbahn und damit ein unerwünschter Verschleiß in Form von Flächenbildung am Außendurchmesser der Rolle (Bild 2.47) und an der Laufbahn könnten die Folge sein. Ölschmierung verbraucht zudem häufig mehr Schmiermittel als nötig und verschmutzt die Förderanlage; dies beeinträchtigt möglicherweise den Förderprozess und das Fördergut.

Bild 2.46
Automatische Ölschmierung einer Förderkette im Praxiseinsatz

Bild 2.47 Flächenbildung am Außendurchmesser der Rolle infolge stick-slip-Effekt beim Ablauf der Rolle auf einer mit Öl verschmutzten Laufbahn

2.6.1.2 Fettschmierung

Bei der Fettschmierung gelangt das Schmiermittel über einen Schmiernippel im Gelenkkettenbolzen und durch Schmierbohrungen in den Gelenkteilen zu den Reibstellen. Auf diese Art werden die Reibstellen optimal mit Schmierstoff benetzt, was sich positiv auf das Verschleißverhalten auswirkt. Ein weiterer Vorteil besteht darin, dass der Schmierstoff bei der Nachschmierung Schmutzpartikel, die eventuell in die Gelenkstelle eingedrungen sind, nach außen transportiert und dadurch der Verschleiß noch einmal verringert wird. Die mit der Ölschmierung verbundenen Nachteile wie übermäßiger Schmiermittelverbrauch, Verschmutzung der Laufbahn, Verunreinigung der Förderanlage und des Fördergutes, kommen bei der Fettschmierung weniger vor. Allerdings fallen bei manueller Nachschmierung der einzelnen Gelenkstellen entsprechend Personalkosten an. Bei heutigem Stand der Technik stehen für diese Tätigkeit jedoch auch schon hochleistungsfähige automatische Fettschmieranlagen (Bild 2.48) zur Verfügung.

Bild 2.48 Automatische Fettschmierung einer Förderkette im Praxiseinsatz [21]

2.6.2 Inspektion – Instandsetzung – Verbesserung

Nach DIN 31051 haben Inspektionen die Aufgabe, den Istzustand festzustellen und zu beurteilen sowie ggf. Maßnahmen zur Instandsetzung und Verbesserung festzulegen. Förderketten sind daher im Praxisbetrieb auf Verschleiß (Bild 2.49) und Funktionssicherheit zu kontrollieren, wobei die Förderkettenbauform und die jeweiligen Betriebsbedingungen, Umfang und Zeitintervall der Inspektionen bestimmen. Für diese Aufgaben bietet KettenWulf zum Beispiel Unterstützung durch Produktuntersuchungen und mit der Lieferung von Spezialwerkzeugen (Bild 2.50) für das bauseitige Öffnen und Schließen der Förderkette an.

Bild 2.49
Verschleiß-kontrolle

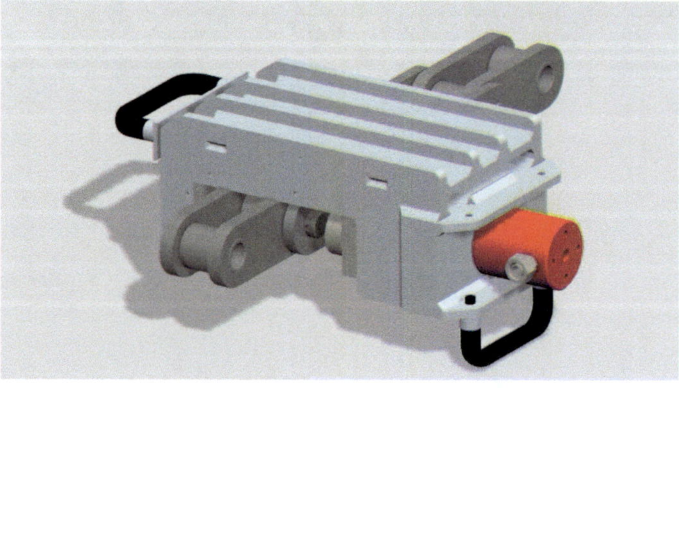

Bild 2.50
Montagewerkzeug

2.7 Literatur

[1] Definition Kette, Duden online

[2] Entwicklung der technischen Ketten. https/de.wikipedia.org/wiki/Kette

[3] DIN 8150,März 1984, Gallketten

[4] DIN 19704-1,DIN 189704-2,November 2014, Stahlwasserbauten

[5] Die Geschichte von Renold. http//www.renold.de

[6] DIN 8164,August 1999, Buchsenketten

[7] DIN ISO 606,Juni 2012, kurzgliedrige Präzisions-Rollen-und Buchsenketten, Befestigungslaschen und zugehörige Kettenräder

[8] DIN 8165,Teil 1,2 und 3,März 1992, Förderketten mit Vollbolzen, Bauart FV und FVT

[9] DIN ISO 1977,Dezember 2014, Buchsenförderketten, Anbauteile und Kettenräder

[10] DIN 8166,März 1992, Rollen für Förderketten mit Vollbolzen Bauart FV und FVT

[11] DIN 8167,Teil1,2 und 3, März 1986, Förderketten mit Vollbolzen, ISO-Bauart M und MT, ersetzt im Dezember 2014 durch DIN ISO 1977

[12] DIN 8168,Teil1,2 und 3, März 1986, Förderketten mit Hohlbolzen, ISO-Bauart MC, ersetzt im Dezember 2014 durch DIN ISO 1977

[13] DIN 8169,September 1999,Rollen für Förderketten mit Vollbolzen, ISO-Bauart M und MT, ersetzt im Dezember 2014 durch DIN ISO 1977

[14] DIN EN 10020,Juli 2000,Begriffsbestimmung für die Einteilung der Stähle

[15] DIN EN ISO 9227,September 2012,Salzsprühnebelprüfung

[16] DIN 8580,September 2003,Fertigungsverfahren,Begriffe,Einteilu ngen

[17] DIN 17022,Teil 3,April 1989,Verfahren der Wärmebehandlung, Einsatzhärtung

[18] DIN 17022,Teil 1,Oktober 1994,Verfahren der Wärmebehandlung, vergüten

[19] DIN 17022,Teil 5,März 2000,Verfahren der Wärmebehandlung, Induktionshärtung

[20] DIN 31051,September 2012,Grundlagen der Instandhaltung

[21] Bild SKF

3 Kettenräder für Förderketten

Inhalt

3.1 Funktion der Kettenräder im Förderkettengetriebe

Kettenräder übernehmen als Maschinenelemente in Förderkettengetrieben vielfältige Funktionen als Antriebs-, Umlenk- und Spannkettenräder. Antriebskettenräder habe dabei eine besondere Bedeutung, da sie die erforderliche Motor-Antriebsleistung durch den Kontakt der Zahnflanken mit den Kettengelenken als Zugkraft auf die Förderkette übertragen. Damit die Förderkette bestmöglich mit den Kettenrädern zusammenwirkt, ist es erforderlich, beide Maschinenelemente hinsichtlich der geometrischen Abmessungen, der Werkstoffauswahl und der Fertigungsprozesse den Anforderungen entsprechend aufeinander abzustimmen. Nur so können sie optimal und lange funktionieren. Aus diesem Grund hat KettenWulf von Anfang an Förderketten und Kettenräder selber produziert und aus diesen Erfahrungen Werks- und Qualitätsnormen entwickelt. In der im Dezember 2014 erschienenen DIN ISO 1977 werden unter Punkt 5 [1] Angaben zu Kettenrädern für Förderketten gemacht, die in hohem Maße mit der KettenWulf-Werksnorm übereinstimmen. Da es sich nur um geringfügige Abweichungen handelt, die die Funktion im Zusammenwirken mit genormten Förderketten nicht beeinflussen, produziert KettenWulf die Kettenräder weiter nach den in der Praxis bewährten Werksnormen.

3.2 Zahnform der Kettenräder

Die Gestaltung der Zahnform ist entscheidend, damit die Kettenräder optimal mit der Förderkette zusammenwirken können. Dies gilt für die Kraftübertragung beim Einlauf der Förderkette in das Kettenrad ebenso wie für betriebsbedingte Anforderungen, etwa den Ausgleich der Kettenlängung aufgrund von Verschleiß und die Berücksichtigung eventueller Fremdkörper, die sich möglicherweise in den Zahnlücken festsetzen können. Die nachfolgenden Abbildungen sollen die Standardverzahnung und konstruktive Lösungsmöglichkeiten für Sonderverzahnungen aufgrund besonderer Betriebsanforderungen veranschaulichen.

Verzahnungsmerkmale: Zahngeometrie und Zahnlückenspiel beruhen auf langjährigen Erfahrungen sowie werkseigenen Berechnungen und Versuchsdurchführungen.

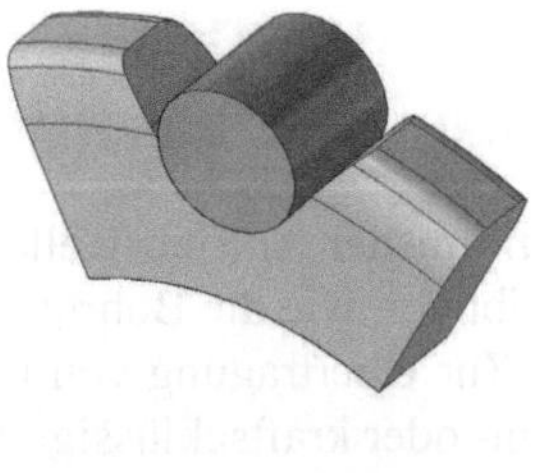

Bild 3.1 Standardverzahnung

Verzahnungsmerkmale: Reduzierung der Zahnflankenbelastung und/oder vorbeugende Maßnahme gegen mögliches Festsetzen eventueller Fremdkörper in den Zahnlücken.

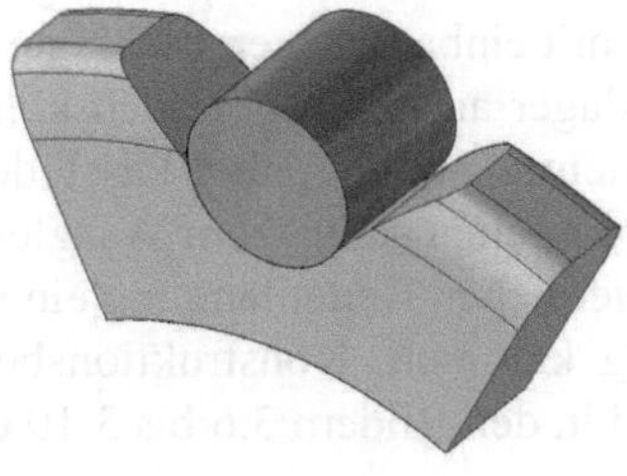

Bild 3.2 Sonderverzahnung mit vergrößertem Öffnungswinkel

Verzahnungsmerkmale: wie bei vergrößertem Öffnungswinkel, zusätzlich können durch die seitlichen Schmutzkerben eventuelle Fremdkörper abgeleitet werden. Die Schmutzkerben reduzieren die Kontaktfläche mit dem Kettengelenk.

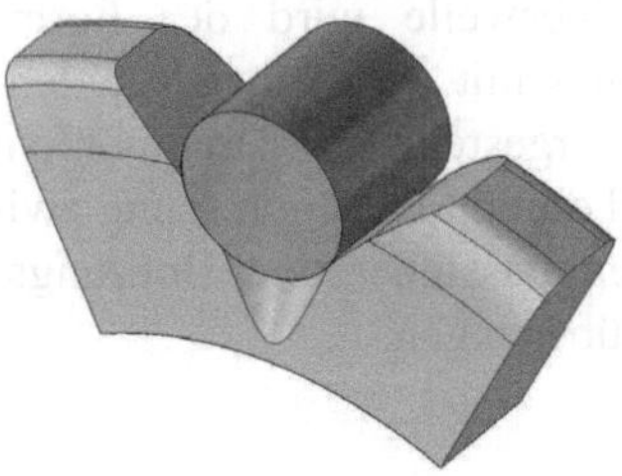

Bild 3.3 Sonderverzahnung mit vergrößertem Öffnungswinkel und seitlichen Schmutzkerben

Verzahnungsmerkmale: vorbeugende Maßnahme gegen mögliches Festsetzen eventueller Fremdkörper in den Zahnlücken.

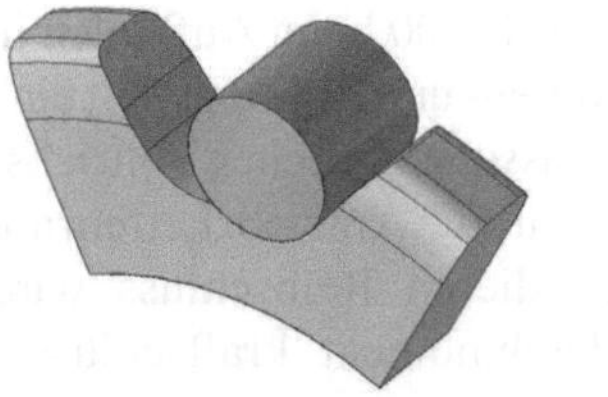

Bild 3.4 Sonderverzahnung mit vergrößertem Zahnlückenspiel

Verzahnungsmerkmale: Anwendung bei besonderer Umgebungsverschmutzung. Mit dieser Verzahnung ist kein Reversierbetrieb, also kein Betrieb in beide Richtungen, möglich.

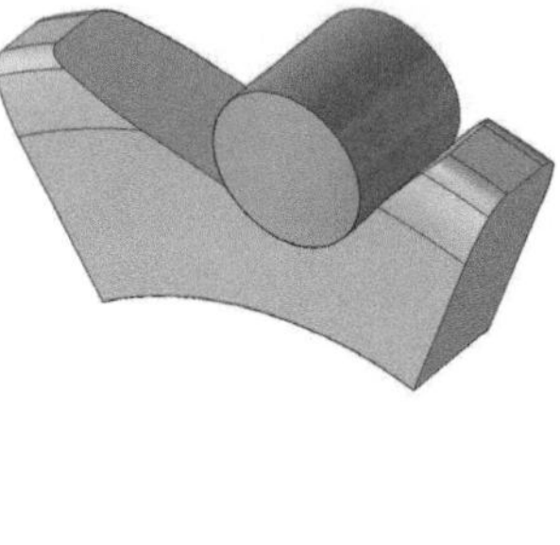

Bild 3.5 Sonderverzahnung mit Sägeverzahnung

3.3 Bohrungsausführung der Kettenräder

Die Bauform der Antriebswellen- und Achslagerungen einer Förderanlage gibt vor, wie die Bohrungen der Kettenräder ausgeführt werden müssen. Zur Übertragung von Drehmomenten werden bei Antriebsrädern form- oder kraftschlüssige Verbindungen eingesetzt. Zur Umlenkung und/oder Kettenspannung werden überwiegend umlaufende Achsen mit einbaufertigen Stehlagereinheiten verwendet, die als Fest- und Loslager ausgeführt werden können. Die Verbindung von Achse und Kettenrad stellen dabei Passfeder und Nut her. Bei doppelsträngigen Förderketten kann zum Ausgleich einer eventuell möglichen unterschiedlichen Kettenlängung ein Umlenkrad mit Gleitlager zur Ausführung kommen. Konstruktionsbeispiele zur Drehmomentübertragung sind in den Bildern 3.6 bis 3.10 dargestellt.

Bild 3.6 Drehmomentübertragung durch Passfeder nach DIN 6885

Durch Einlegen einer Passfeder in eine entsprechende Nut der Antriebswelle wird der Formschluss mit dem Antriebskettenrad hergestellt. Das Drehmoment wird durch Flächenpressung zwischen Passfeder und Bohrungsnut übertragen.

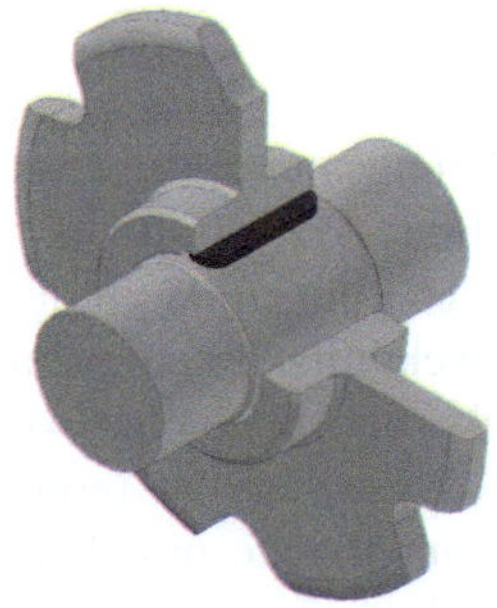

Bild 3.7 Drehmomentübertragung durch Keile mit Anzug nach DIN 6886 und DIN 6887

Keile erzeugen durch einen Anzug von 1: 100 beim Aufkeilen in die Wellen- und Bohrungsnut eine Presspassung zwischen Antriebswelle und Antriebskettenrad. Durch diesen Reibschluss wird das Drehmoment kraftschlüssig übertragen.

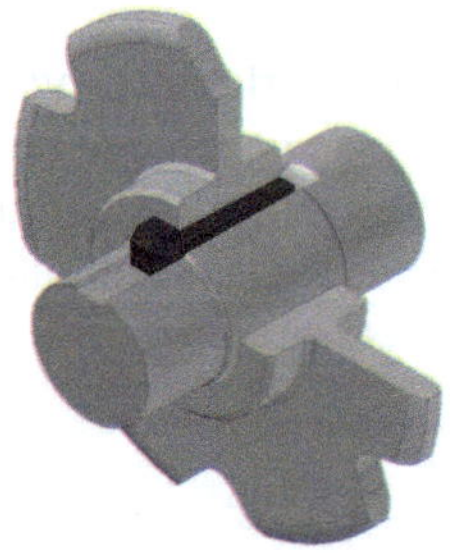

Die Drehmomentübertragung erfolgt formschlüssig zwischen der genormten Innenverzahnung in der Antriebskettenradbohrung und der entsprechenden Gegenverzahnung an der Antriebswelle.

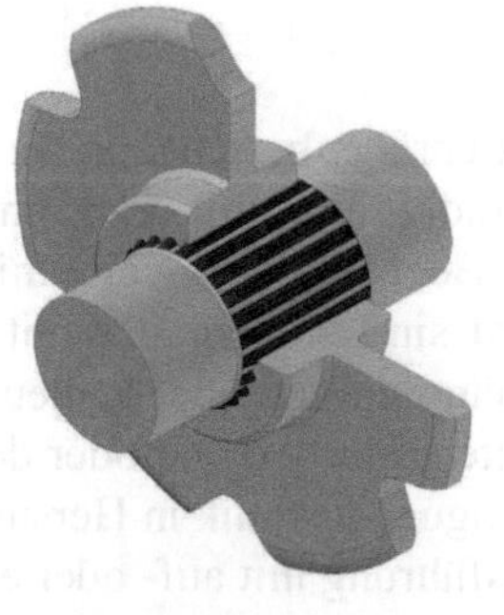

Bild 3.8
Drehmomentübertragung durch Innenverzahnung nach DIN 5480

Bei Einbau eines Spannsatzes mit konischen Ringfedern in die Antriebskettenradbohrung wird durch Anziehen der Spannschrauben eine kraftschlüssige Verbindung zwischen Antriebswelle und Antriebskettenrad hergestellt.

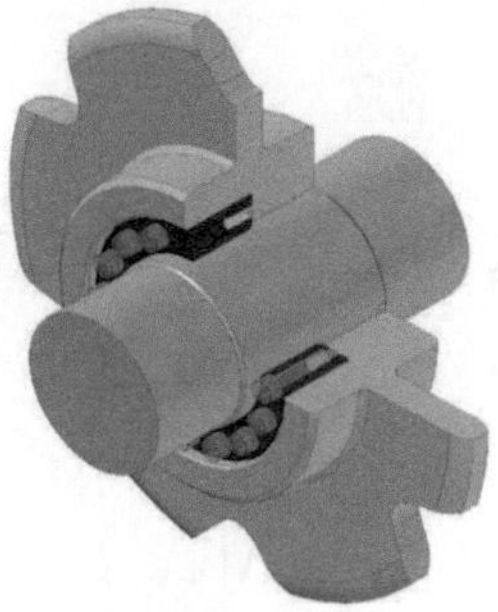

Bild 3.9
Drehmomentübertragung durch Ringspannsatz

Diese Bauform besteht aus einer konischen Spezialbuchse (Taperlockbuchse), die durch Spannschrauben in einer entsprechend konischen Bohrung mit dem Kettenrad verschraubt wird und so eine kraftschlüssige Verbindung zwischen Antriebswelle und Antriebskettenrad herstellt.

Bild 3.10
Drehmomentübertragung durch Taperlockbuchse

3.4 Standardbauformen der Kettenräder

Kettenräder bestehen in der KettenWulf Standardbauform aus der Kettenradscheibe mit Verzahnung und einer einseitigen Kettenradnabe mit Bohrung, wahlweise mit oder ohne Nut, siehe Bild 3.11. Varianten dazu sind Kettenräder mit symmetrischer oder asymmetrischer Nabenanordnung oder Kettenradscheiben ohne Nabe. Abhängig von der Kettenradgröße und/oder der Kettenradbauform wird zudem nach der Fertigungstechnik in Herstellung aus dem Vollen oder in geschweißter Ausführung mit auf- oder eingeschweißter Nabe unterschieden. Schematisch sind diese Bauformen in Bild 3.12 dargestellt.

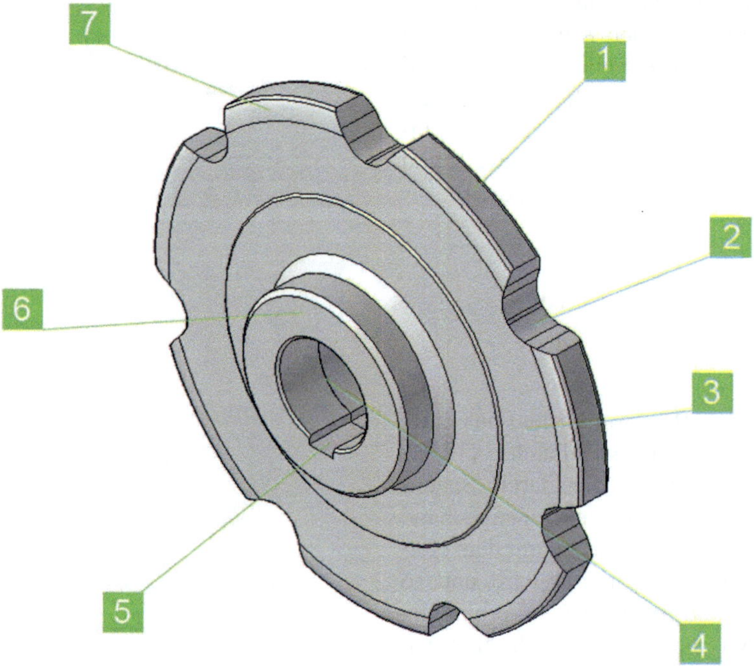

Bild 3.11
Standardkettenrad:
(1) Zahnkopf,
(2) Zahnlücke,
(3) Radscheibe,
(4) Bohrung,
(5) Nut,
(6) Nabe,
(7) Zahn

Kettenräder-Bauformen

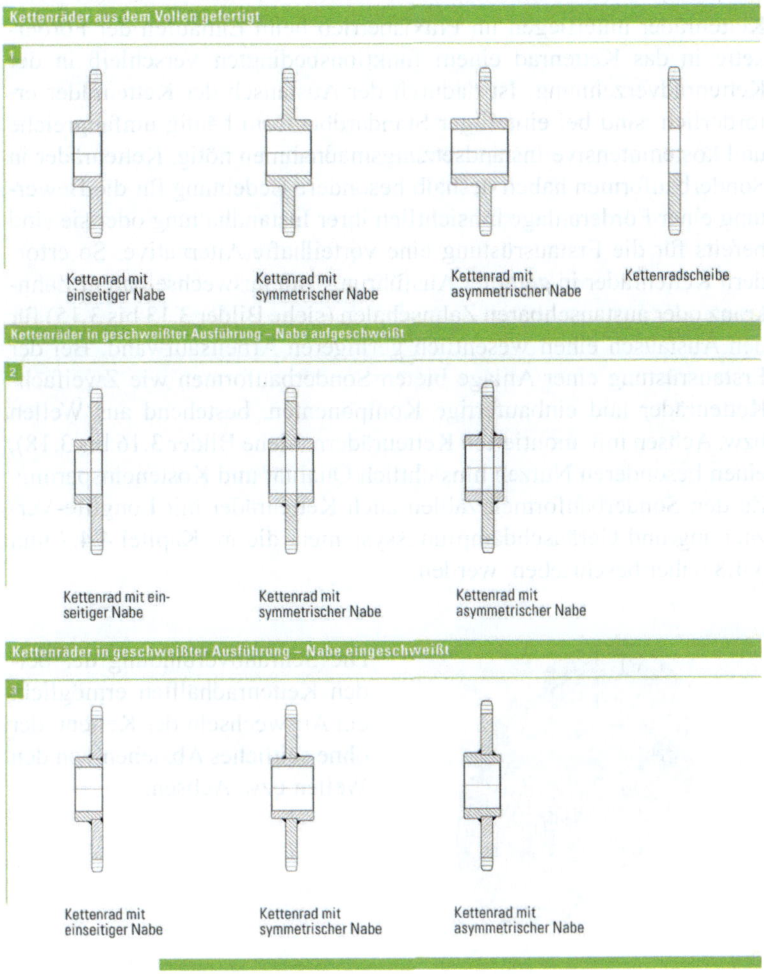

Bild 3.12
Bauformen und Fertigungstechnik der Kettenräder

3.5 Sonderbauformen der Kettenräder

Kettenräder unterliegen im Praxisbetrieb beim Einlaufen der Förderkette in das Kettenrad einem funktionsbedingten Verschleiß in der Kettenradverzahnung. Ist dadurch der Austausch der Kettenräder erforderlich, sind bei einteiliger Standardbauform häufig umfangreiche und kostenintensive Instandsetzungsmaßnahmen nötig. Kettenräder in Sonderbauformen haben deshalb besondere Bedeutung für die Bewertung einer Förderanlage hinsichtlich ihrer Instandhaltung oder sie sind bereits für die Erstausrüstung eine vorteilhafte Alternative. So erfordern Kettenräder in geteilter Ausführung, mit auswechselbarem Zahnkranz oder austauschbaren Zahnschalen (siehe Bilder 3.13 bis 3.15) für den Austausch einen wesentlich geringeren Arbeitsaufwand. Bei der Erstausrüstung einer Anlage bieten Sonderbauformen wie Zweifach-Kettenräder und einbaufertige Komponenten, bestehend aus Wellen bzw. Achsen mit montierten Kettenrädern (siehe Bilder 3.16 bis 3.18), einen besonderen Nutzen hinsichtlich Qualität und Kosteneinsparung. Zu den Sonderbauformen zählen auch Kettenräder mit Longlife-Verzahnung und Geräuschdämpfungssystemen, die in Kapitel 4.4.7 und 4.4.8 näher beschrieben werden.

Bild 3.13
Kettenrad in geteilter Ausführung.

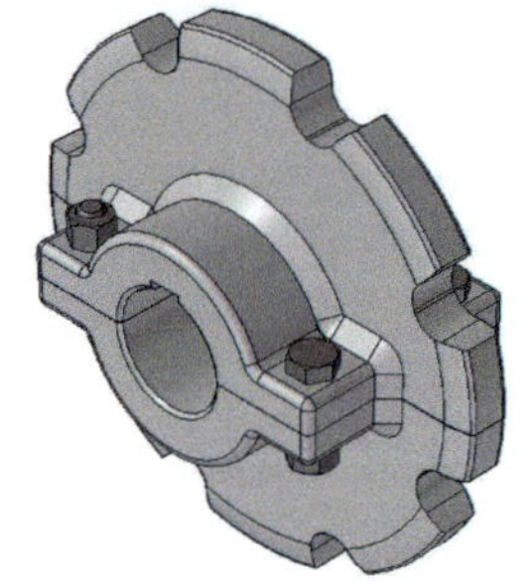

Die Schraubverbindung der beiden Kettenradhälften ermöglicht ein Auswechseln der Kettenräder ohne seitliches Abziehen von den Wellen bzw. Achsen.

Bild 3.14
Kettenrad mit angeschraubtem, dreiteiligem Zahnkranz

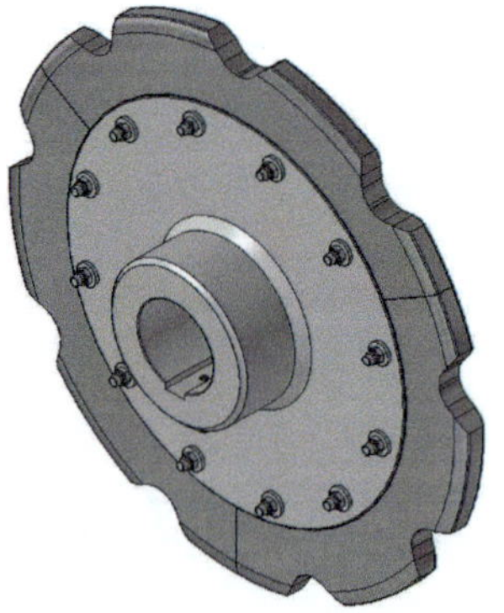

Nur der an die Flanschnabe angeschraubte, segmentierte Zahnkranz ist bei Instandsetzungsarbeiten auszuwechseln. Sind die anlagenbezogenen Voraussetzungen gegeben, kann der Austausch bei eingebauter Förderkette erfolgen.

Diese Bauform ist besonders vorteilhaft bei großen Kettenteilungen, die konstruktiv eine Zahnschalenbauweise ermöglichen. Die Instandsetzung erfolgt durch Austausch der einzelnen Zahnschalen und kann unter gegebenen Voraussetzungen bei eingebauter Förderkette erfolgen.

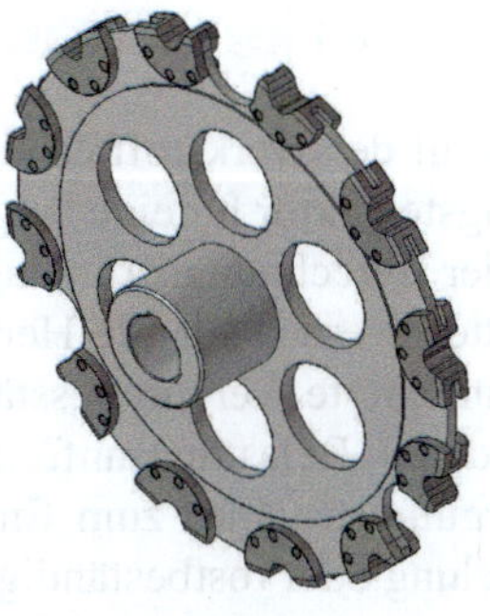

Bild 3.15
Kettenrad mit angeschraubten Zahnschalen

Bei Förderketten mit besonders großer lichter Weite werden häufig zwei einzelne Kettenräder paarweise auf den Wellen bzw. Achsen eingebaut. Eine Alternative dazu ist die Bauform als Zweifach-Kettenrad, bei der zwei Radscheiben auf eine gemeinsame Nabe aufgeschweißt werden. Die Verzahnung erfolgt in einer Aufspannung, sodass die Parallelität der Verzahnungsgeometrie gewährleistet ist.

Bild 3.16
Zweifach-Kettenrad

Die Wellen bzw. Achsen werden nach einbaubezogenen Vorgaben hergestellt. Als Kettenräder können Standard- und Sonderbauformen verwendet werden. Alle Bauteile werden aufeinander abgestimmt und dann zur Wellen- bzw. Achsenkomponente montiert. Dies gewährleistet ein optimales Ergebnis hinsichtlich Präzision, Maßgenauigkeit und Symmetrie der Kettenradanordnung.

Bild 3.17
Komponente Welle/Achse mit montierten Kettenrädern

Antriebswellenkomponente mit auswechselbaren Zahnkränzen für die Förderketten und den Rollenkettenantrieb.

Bild 3.18
Komplexe Antriebswellenkomponente

3.6 Werkstofftechnik der Kettenräder

Die Wahl der Werkstofftechnik ist neben der Verzahnungskontur der wichtigste Faktor für eine lange Funktionsdauer der Kettenräder. Kapitel 7 der Berechnungsgrundlagen verdeutlicht dies. Für genormte Förderketten werden für die Herstellung der Kettenräder Qualitätsstähle und unlegierte Vergütungsstähle verwendet. Bei Anwendungen mit besonderen Belastungsanforderungen kommen überwiegend legierte Vergütungsstähle zum Einsatz. Beschichtungen zur Oberflächenveredelung oder rostbeständige Stähle sind Alternativen bei erforderlichem Korrosionsschutz, siehe Kapitel 2.3. Zusätzlich besteht bei allen vergütbaren Stählen die Möglichkeit, die Verzahnungskontur induktiv zu härten, um damit den betriebsbedingten Verschleiß zu reduzieren und die Funktionsdauer zu erhöhen. Welche Werkstofftechnik für die jeweilige Anwendung die beste Lösung ist, hängt von den spezifischen Betriebsbedingungen ab.

3.7 Fertigungstechniken der Kettenräder

Je nach Kettenradgröße und/oder Kettenradbauform werden die Kettenräder aus dem Vollen oder in geschweißter Ausführung mit auf- oder eingeschweißten Naben hergestellt. Um die Radkörper zu produzieren, nutzt man die bereits unter 2.4 für Förderketten beschriebenen Fertigungstechniken Schweißen und Drehen. In diesem Kapitel geht es um den besonders wichtigen Arbeitsprozess bei der Fertigung der Kettenräder, die Herstellung der Kettenradverzahnung. Auf CNC-Maschinen wird die zuvor programmierte Zahnform präzise in die Kettenradscheibe gefräst (Bild 3.19). Diese Fertigungstechnik stellt eine optimale Oberflächengüte und passgenaue Verzahnung sicher und schafft so die Voraussetzungen für eine möglichst lange Funktionsdauer. Die Zahnkontur wird in der Fertigungsendkontrolle nochmals mit einem 3D-Messarm auf Maßgenauigkeit überprüft (Bild 3.20).

Bild 3.19 CNC-Kettenradverzahnung

Bild 3.20
Kontrolle der Verzahnungsgeometrie mit 3D Messarm

Die unter 3.8 beschriebenen Instandhaltungsmaßnahmen verdeutlichen, dass der betriebsbedingte Verschleiß an den Zahnflanken ein ausschlaggebender Faktor für die Funktionsfähigkeit des Kettenrades und damit für die Gesamtheit des Förderkettengetriebes, bestehend aus Förderkette und Kettenrädern, ist. Dies bestätigen auch die jahrzehntelangen Praxiserfahrungen. Anzustreben sind daher Kettenradausführungen mit möglichst verschleißfesten Zahnflanken. Erreicht wird dies mit zusätzlich induktiv gehärteter Zahnkontur. Bild 3.21 zeigt die Induktivhärtung einer Kettenradverzahnung. Dieses Fertigungsverfahren bietet ein maximales und kostengünstiges Optimierungspotential, um die Funktionsdauer zu verlängern.

Bild 3.21
Induktionshärtung der Kettenradverzahnung

3.8 Instandhaltung der Kettenräder

Die Grundsätze der Instandhaltung nach DIN 31051 [2], beschrieben in Kapitel 2.6 für das Maschinenelement Förderkette, sind auch auf das Maschinenelement Kettenrad anzuwenden. Dabei sind besonders die Antriebskettenräder zu beachten, da sie über den Zahnflankenkontakt mit dem Kettengelenk die Kettenzugkraft übertragen müssen und dadurch besonders stark beansprucht sind. Um den Verschleiß zu verringern, ist eine den Betriebsbedingungen angepasste Tropfschmierung der Zahnflanken zu empfehlen, wenn dies anlagen- und prozessbezogen möglich ist. Fortschreitender Zahnflankenverschleiß kann Funktionsstörungen beim Ablauf der Kette über die Kettenräder durch Festhaken in der Verzahnung und damit auch eine Überlastung der Förderkette verursachen. Vorbeugend sollte daher regelmäßig der Zahnflankenverschleiß kontrolliert werden, z.B. mit Hilfe von Zahnformschablonen, siehe Bild 3.22, die passend zu unseren Kettenrädern geliefert werden können.

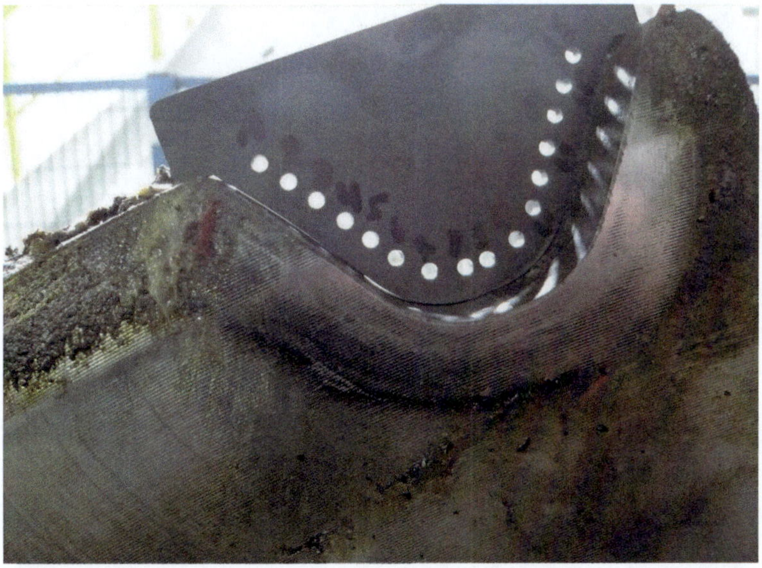

Bild 3.22 Verschleißkontrolle mit einer Zahnformschablone

3.9 Literatur

[1] DIN ISO 1977,Dezember 2014, Buchsenförderketten, Anbauteile und Kettenräder

[2] DIN 31051,September 2012,Grundlagen der Instandhaltung

4 Weiterentwicklung der Förderketten und Kettenräder

Inhalt

4.1 Innovationsprozess und Zielsetzung

Die rasante Weiterentwicklung der fördertechnischen Anlagen in den vielfältigen Industrieanwendungen stellt ständig neue Anforderungen an Förderketten und Kettenräder, die mit Standardtechniken häufig nicht umsetzbar sind. Ökologische Gesichtspunkte wie Energieeffizienz, Geräuschemissionen, Nachhaltigkeit und Umweltschutz bestimmen die Produkttechnologie ebenso wie wirtschaftliche Überlegungen hinsichtlich notwendiger Antriebsleistung, Aufwand für die Instandhaltung oder Höhe der Betriebskosten. Forschung und Entwicklung sind daher integraler Bestandteil der KettenWulf- Unternehmensphilosophie.

Qualität und Funktionsdauer der Produkte gilt es kontinuierlich zu erhöhen, die Fertigungstechnik zu optimieren und deren Effizienz zu steigern; innovative Produkte sollen Maßstäbe setzen. Neben der kontinuierlichen Grundlagenforschung setzen wir weitere Entwicklungsziele in den Bereichen der Fertigungs-, Werkstoff- und Beschichtungstechnik sowie in der Produktentwicklung. Zum gesamten Entwicklungsprozess sind systematische Innovationsabläufe eingeführt, in denen die erforderlichen Maßnahmen in einzelnen Entwicklungsphasen festgelegt sind. Schematisch ist dies zur Produktentwicklung in Bild 4.1 dargestellt.

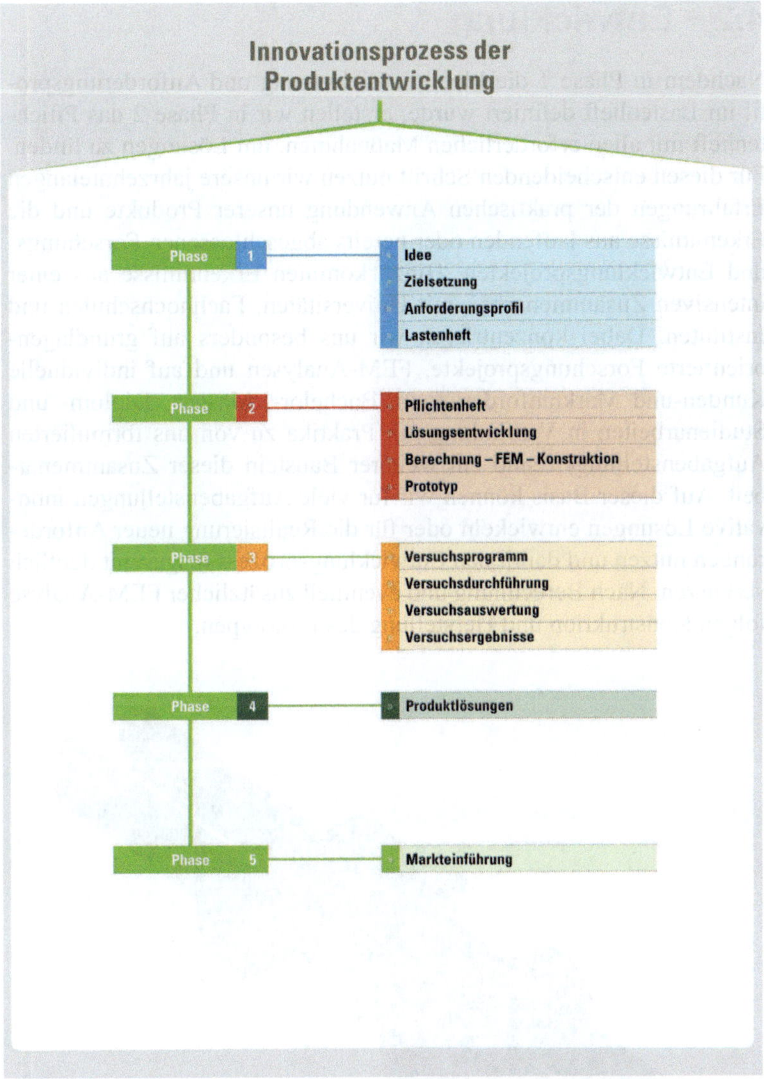

Bild 4.1 Innovationsprozess der Produktentwicklung

4.2 Entwicklung

Nachdem in Phase 1 die Idee mit Zielsetzung und Anforderungsprofil im Lastenheft definiert wurde, erstellen wir in Phase 2 das Pflichtenheft mit allen erforderlichen Maßnahmen, um Lösungen zu finden. Für diesen entscheidenden Schritt nutzen wir unsere jahrzehntelangen Erfahrungen der praktischen Anwendung unserer Produkte und die Erkenntnisse aus laufenden oder bereits abgeschlossenen Forschungs- und Entwicklungsprojekten. Hinzu kommen Erkenntnisse aus einer intensiven Zusammenarbeit mit Universitäten, Fachhochschulen und Instituten. Dabei konzentrieren wir uns besonders auf grundlagenorientierte Forschungsprojekte, FEM-Analysen und auf individuelle Kunden-und Marktanforderungen. Bachelor-, Master-, Diplom- und Studienarbeiten in Verbindung mit Praktika zu von uns formulierten Aufgabenstellungen sind ein weiterer Baustein dieser Zusammenarbeit. Auf dieser Basis können wir für viele Aufgabenstellungen innovative Lösungen entwickeln oder für die Realisierung neuer Anforderungen nutzen und damit den Entwicklungsprozess insgesamt deutlich verkürzen. Nach Berechnung und eventuell zusätzlicher FEM-Analyse folgen Konstruktion und Herstellung des Prototypen.

Bild 4.2
FEM-Spannungsanalyse einer Förderkette

4.3 Versuchsdurchführung

Zentraler Praxisbestandteil im Entwicklungsprozess ist der Prototypentest. Dazu werden in Entwicklungsphase 3 das Programm sowie Art und Umfang der Versuche festgelegt. Die Abläufe werden protokolliert, ausgewertet und dokumentiert. Auf Prüfständen, die wir speziell für den jeweiligen Versuchszweck konzipiert haben, werden Prototypen bei Raumtemperatur und im Heißbereich sowie mit und ohne Beaufschlagung fester und flüssiger Umgebungsmedien getestet, wie zum Beispiel:

Gebrauchsdauerprüfung von Werkstoffen, Oberflächenhärtung, Beschichtungen, Gelenk- und Rollenlagerungen sowie Sonderbauteilen auf Kettenprüfständen.

Bild 4.3
Kettenprüfstand

Dauerfestigkeitsprüfung einzelner Bauteile, Baugruppen und kompletter Ketten auf dem Hochfrequenzpulsator.

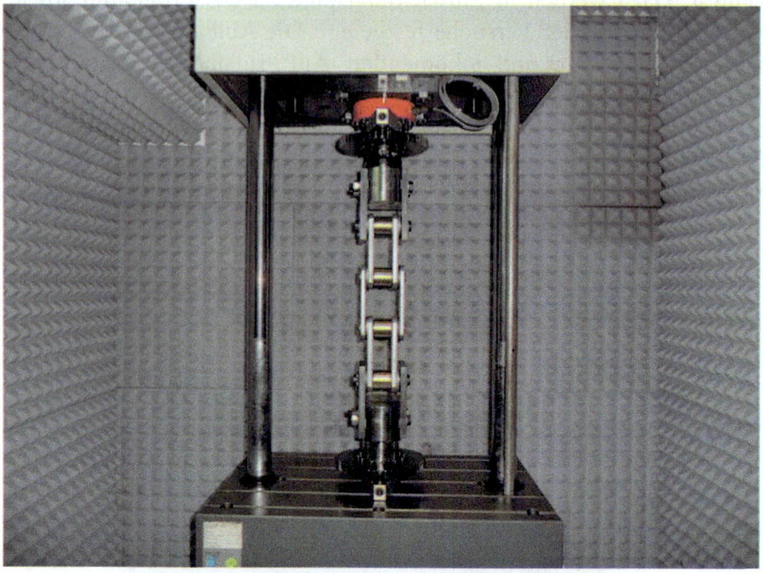

Bild 4.4 Dauerfestigkeits-prüfung einer Förderkette

Bild 4.5 Dauerfestigkeits-prüfung eines Kettengelenkes

Bruchfestigkeitsprüfung von Förderketten auf Zerreißmaschinen mit Zugkräften bis zu 3.000 kN Zerreißkraft.

Bild 4.6
Zerreißmaschine 3.000 kN Zerreißkraft, 3.500mm Spannweg

4.4 Produktlösungen

Entsprechen die Versuchsergebnisse in Phase 3 der ursprünglich definierten Idee und Zielsetzung, kann in Phase 4 die Umsetzung in ein konkretes Produkt erfolgen. Da Förderketten und Kettenräder in der Fördertechnik sehr viele unterschiedliche Verwendungsmöglichkeiten haben, gibt es auch eine Vielzahl individueller Einzellösungen. Stellvertretend stellen wir hier einige Beispiele zu innovativen Produktbausteinen der Weiterentwicklungen vor, die sich in der Praxis bereits erfolgreich bewährt haben. Je nach Anforderungsprofil eines aktuellen Anwendungsfalles können einzelne oder mehrere dieser Bausteine in eine individuelle Produktlösung integriert werden.

4.4.1 Produktbausteine Fertigungs-,Werkstoff- und Beschichtungstechnik

Die Auswahl der Fertigungsverfahren und der Werkstoffe, das Verfahren der Wärmebehandlung und die Oberflächenveredelung durch Beschichtungen haben direkten Einfluss auf Qualität, Funktion und Eigenschaften des Produktes. Für Förderketten wurde dies in den Kapiteln 2.3 und 2.4., für Kettenräder in den Kapiteln 3.6 und 3.7 detailliert erläutert. Die dort beschriebenen Möglichkeiten können als Bausteine der Weiterentwicklung in kundenindividuelle Produkte integriert werden.

4.4.2 Produktbaustein Leichtbauweise

Im Förderbetrieb verursacht das Kettengewicht Reibungswiderstände. Eine Reduzierung des Kettengewichtes mindert daher auch die notwendige Antriebsleistung. Ohne die zulässige Kettenzugkraft zu beeinträchtigen, kann dies durch Materialersparnis an den Kettenbauteilen, wie z.B. das Einbringen von Löchern in den Laschen oder deren Produktion mit eingeschnürter Außenkontur und/oder mit Eindrehen seitlicher Ausnehmungen in den Rollen erreicht werden. Wie viel Gewicht eingespart werden kann, hängt von den Bauteilabmessungen und der Förderkettenbauform ab. Darüber hinaus wird die Förderkette noch leichter, wenn hochfeste Sonderwerkstoffe oder vergütete Werkstoffe verwendet werden, mit denen es möglich ist, die Abmessungen der Bauteile zu verringern.

Produktvorteile der Förderketten in Leichtbauweise:

- Gewichtsersparnis
- Maximale Kettenzugkraft bei minimalem Kettengewicht
- Reduzierte Antriebsleistung
- Reduzierter Energieverbrauch
- Reduzierte Betriebskosten
- Nachhaltigkeit
- Ökologisch

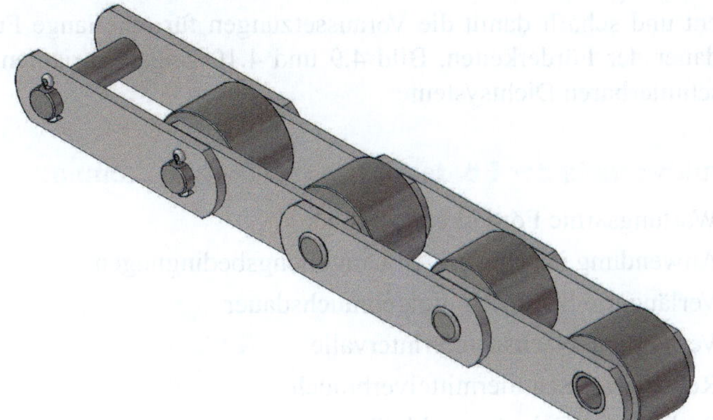

Bild 4.7
Förderkette in Standardbauweise

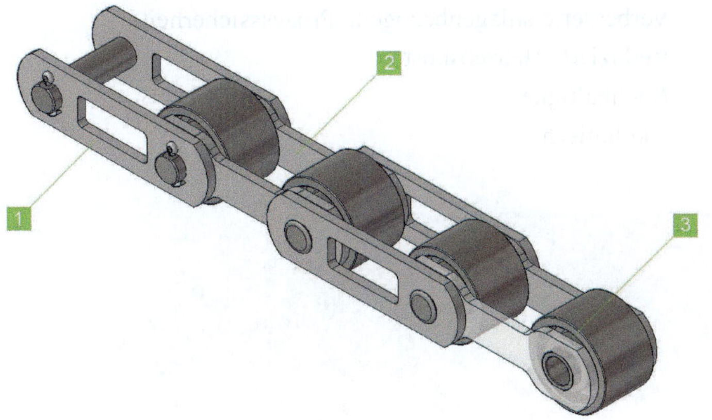

Bild 4.8
Förderkette in Leichtbauweise: Laschen mit Erleichterungsloch (1), Laschen mit eingeschnürter Außenkontur (2), Rollen mit Eindrehung (3)

4.4.3 Produktbaustein Dichtsysteme

Bei Förderketten mit Fettschmierung bieten Dichtsysteme vielfältige Optimierungspotentiale. So lassen sich die Betriebskosten durch längere Intervalle beim Nachschmieren senken, und Förderketten können in schwierigen Umgebungsbedingungen durch zusätzliche Abdichtung der Gelenkbauteile einsatzfähig sein. Konstruktive Bauweise dieser nachschmierbaren Dichtungssysteme ist eine Labyrinthdichtung aus Schutzdeckel(n) und Dichtelement(en), in der das Betriebsschmiermittel die Hohlräume ausfüllt und abdichtet. Dieses System der Dreifachdichtung verhindert weitestgehend das Eindringen von Umgebungsmedien, schützt das integrierte Dichtelement vor äußerer Beschädigung, nutz das Betriebsschmiermittel zusätzlich als Dichtelement und schafft damit die Voraussetzungen für eine lange Funktionsdauer der Förderketten. Bild 4.9 und 4.10 zeigen Varianten der nachschmierbaren Dichtsysteme.

Produktvorteile der Förderketten mit Dichtsystemen:

- Wartungsarme Förderkettentechnik
- Anwendung in schwierigen Umgebungsbedingungen
- Verlängerte Schmiermittelgebrauchsdauer
- Verlängerte Nachschmierintervalle
- Reduzierter Schmiermittelverbrauch
- Reduzierter Gelenkverschleiß
- Verlängerte Funktionsdauer
- Reduzierte Umgebungsverschmutzung durch Schmiermittel
- Verbesserte anlagenbezogene Prozesssicherheit
- Reduzierte Betriebskosten
- Nachhaltigkeit
- Ökologisch

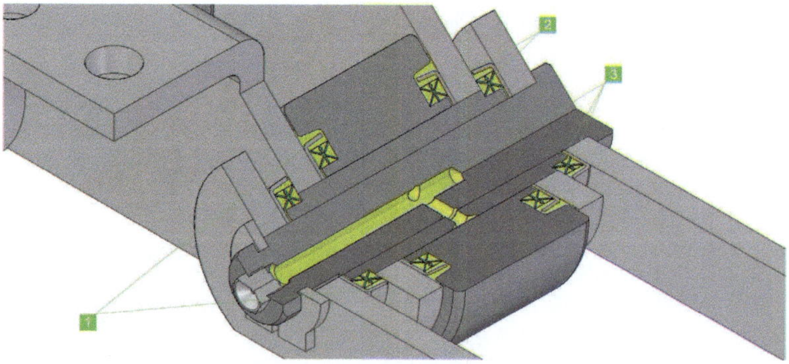

Bild 4.9 Rollen-und Gelenkabdichtung mit einem Deckel (1), Dichtelement (2) und Fettfüllung (3)

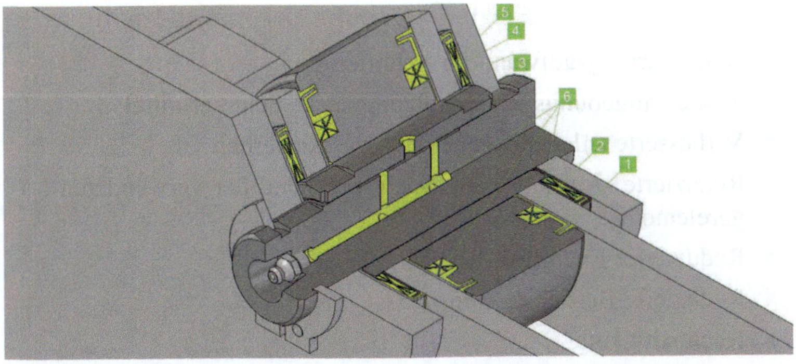

Bild 4.10
Rolle mit einem Deckel (1), Dichtelement (2) und Fettfüllung (6). Gelenkabdichtung mit zwei Deckeln (3) und (4), Dichtelement (5) und Fettfüllung (6)

4.4.4 Produktbaustein Schmierlostechnik

Bei Standardförderketten nach Norm liegt an den Reibstellen der Kettengelenke eine Gleitlagerpaarung Stahl auf Stahl vor, die im Kettenbetrieb in der Regel eine Schmierung erfordert wie in Kapitel 2.6.1 beschrieben. Um diese Betriebsschmierung zu ersparen, entwickelt KettenWulf schon seit Jahrzehnten aus wirtschaftlichen und ökologischen Gründen schmierlose Kettentechnologien, bei denen in die Kettengelenke spezielle Lagerelemente eingebaut sind. Dazu zählen selbstschmierende Gleitlager und Wälzlager mit Dauerschmierung. Überwiegend werden aus Platzgründen in der Gelenkstelle Kettenbuchse/Kettenbolzen Gleitlager verwendet, in den Kettenrollen sowohl Gleit- als auch Wälzlager. Vorteil dieser Lagerelemente ist auch, dass sie die Reibungswiderstände in den Kettengelenken verringern und damit die erforderliche Antriebsleistung reduzieren. Grundsätzlich ist jedoch für eine schmierlose Kettenausführung immer deren technische Machbarkeit zu überprüfen, bezogen auf die individuellen Betriebsbedingungen des jeweiligen Einsatzes. Diese Prüfung beinhaltet auch die Auswahl der Gleitlagerbauform und des Gleitlagerwerkstoffes und bei Wälzlagern deren Bauform als Kugel-, Rollen- oder Nadellager mit Dauerschmierung. Zu berücksichtigen sind weiterhin eventuelle zusätzliche Maßnahmen zum Korrosionsschutz durch Beschichtungen oder die Verwendung von nichtrostenden Stählen als Kompensation der Korrosionsschutzwirkung durch das Schmiermittel, das bei Förderketten ohne Betriebsschmierung entfällt. Der Produktbaustein Dichtsysteme ist ein weiteres Hilfsmittel, Schmierlostechnik in schwierigen Umgebungsbedingungen umzusetzen, wobei hier der Einsatz von Hochleistungsdichtelementen erforderlich ist. Konstruktionsbeispiele zur Schmierlostechnik sind in den Bildern 4.11 und 4.12, mit zusätzlicher Abdichtung in den Bildern 4.13 und 4.14 dargestellt.

Produktvorteile der Förderketten mit Schmierlostechnik:

- Kein Wartungsaufwand für Schmierung
- Keine Umgebungsverschmutzung durch Schmiermittel
- Verbesserte anlagenbezogene Prozesssicherheit
- Reduzierte Antriebsleistung entsprechend der verwendeten Lagerelemente
- Reduzierter Energieverbrauch
- Reduzierte Betriebskosten
- Nachhaltigkeit
- Ökologisch

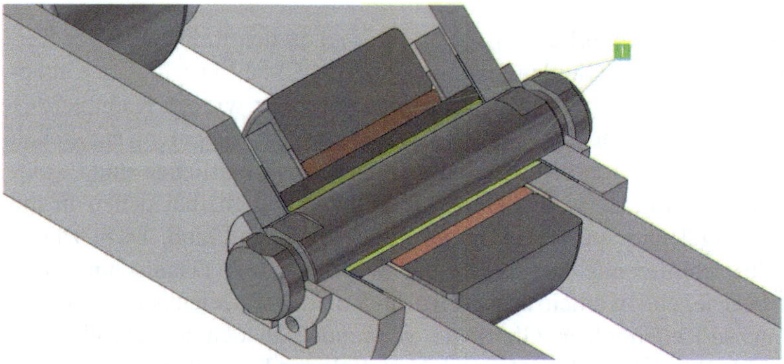

Bild 4.11 Rolle und Gelenkstelle Buchse / Bolzen mit selbstschmierendem Gleitlager (1)

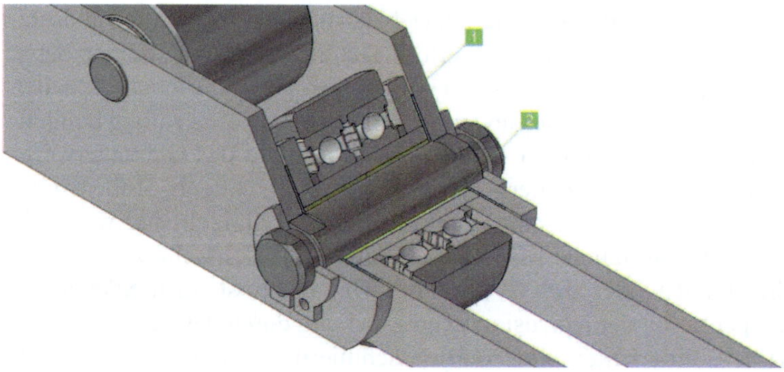

Bild 4.12 Rolle mit dauergeschmierten Kugellagern (1), Gelenkstelle Buchse / Bolzen mit selbstschmierendem Gleitlager (2)

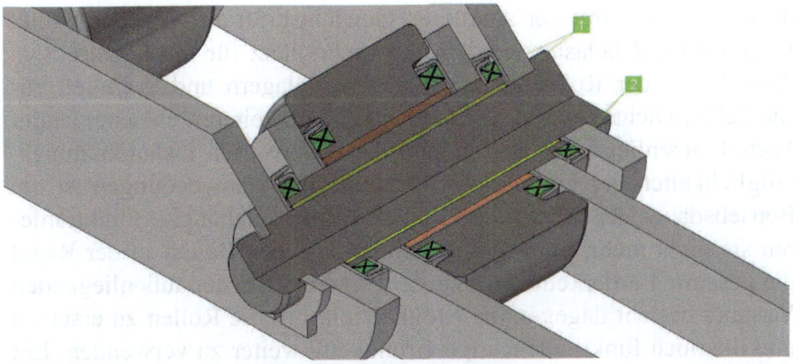

Bild 4.13 Rolle und Gelenkstelle Buchse / Bolzen mit selbstschmierendem Gleitlager (1). Rolle und Gelenkstelle mit zusätzlichen Dichtsystemen (2)

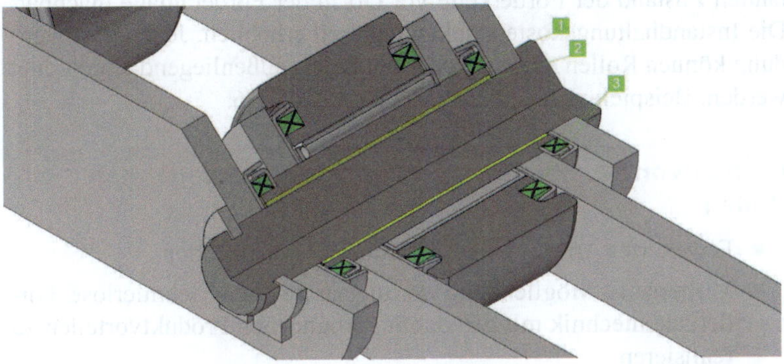

Bild 4.14 Rolle mit dauergeschmierter Nadelhülse (1), Gelenkstelle Buchse / Bolzen mit selbstschmierendem Gleitlager (2). Rolle und Gelenkstelle mit zusätzlichen Dichtsystemen (3)

4.4.5 Produktbaustein außenliegende Rollen

Bei Förderketten sind die Rollen überwiegend innenliegend angeordnet. In dieser Bauweise unterliegen die Rollen zwei Belastungsarten: der Gewichtskraft, resultierend aus anteiligem Fördergut- und Kettengewicht beim Abtragen der Förderkette auf den Laufbahnen, und einem von der Zahnform abhängigen Anteil der Gesamtkettenzugkraft beim Einlaufen der Förderkette in das Antriebskettenrad. Die Laufrolle bewegt sich auf der Laufbahn rotierend, beim Einlauf in das Antriebskettenrad statisch bzw. schwenkend. Je nach Anwendung hat das Belastungs- und Bewegungskollektiv der Rollen entscheidenden Einfluss auf ihre Bauform. Bei Standardförderketten ist dies üblicherweise eine Stahlrolle mit Oberflächenhärtung, die eine Betriebsschmierung erfordert. Bei Schmierlostechnik und / oder um die Reibungswiderstände zu verringern, können die Rollen mit Gleit- oder Wälzlagern ausgeführt werden. Diese Optimierungsmöglichkeit scheidet bei Förderketten mit innenliegenden Rollen häufig aus, da konstruktiv nicht genügend Platz für die Lagerelemente zur Verfügung steht und / oder die Rollenbelastung beim Einlauf in das Antriebsketterad für das Lagerelement zu hoch ist. Eine Lösung bieten außenliegende Rollen, da sie nur noch mit der anteiligen Gewichtskraft aus Fördergut- und Kettengewicht belastet werden und mehr Platz für die konstruktive Ausführung der Rolle mit Gleit-oder Wälzlagern und eventuell zusätzlichen Dichtsystemen vorhanden ist. Ein weiterer, entscheidender Vorteil außenliegender Rollen sind die verbesserten Instandhaltungsmöglichkeiten der Förderkette. In vielen Praxisanwendungen ist die Betriebsdauer der Förderkette von den Rollen abhängig. Funktionieren sie nicht mehr, muss bei der innenliegenden Bauart in der Regel die gesamte Förderkette ausgetauscht werden. Bei der außenliegenden Variante besteht dagegen die Möglichkeit, nur die Rollen zu ersetzen und die noch funktionstüchtige Grundkette weiter zu verwenden. Ein Rollenaustausch ist bei entsprechender Konstruktion auch im eingebauten Zustand der Förderkette vor Ort in der Förderanlage machbar: Die Instandhaltungskosten sinken dadurch erheblich. Je nach Anwendung können Rollen einseitig oder beidseitig außenliegend angeordnet werden. Beispiele zeigen die Bilder 4.15 und 4.16.

Produktvorteile der Förderketten mit außenliegenden Rollen:

- Erweitertes Anwendungsspektrum der Förderketten
- Verbesserte Möglichkeit, wartungsarme- oder schmierlose Förderkettentechnik mit den damit verbundenen Produktvorteilen zu realisieren
- Verbesserte anlagenbezogene Prozesssicherheit
- Möglichkeit, Rollen partiell auszutauschen
- Reduzierung der Instandhaltungskosten
- Reduzierte Betriebskosten
- Nachhaltig
- Ökologisch

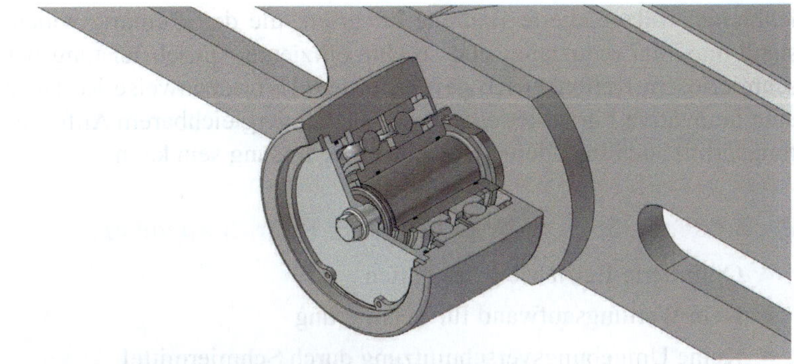

Bild 4.15
Rollen einseitig außenliegend, Rollenlagerung mit Kugellagern

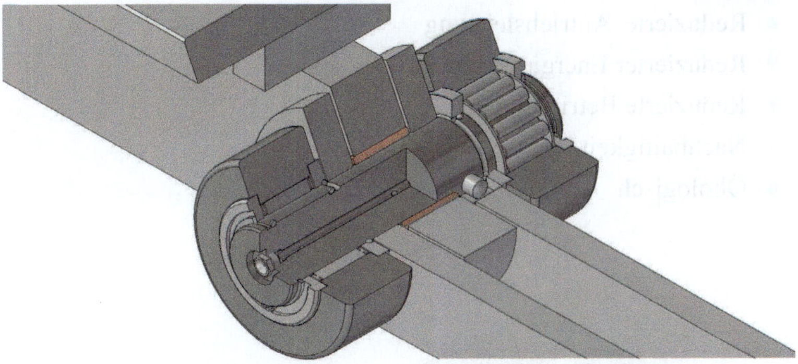

Bild 4.16
Rollen beidseitig außenliegend, Rollenlagerung mit Rollenlagern

4.4.6 Hybridbauweise

In Hybridbauweise entwickeln wir Förderketten, bei denen z.B. die Verwendung der Werkstoffkombination Stahl für die Gelenkteile und Kunststoff für die Kettenlaschen ein Innovationsschwerpunkt ist; gleichzeitig setzen wir dabei auf die Schmierlostechnik. Diese Bauweise ist z.B. für die Automobilindustrie interessant. Das Fördergut bzw. der Förderguttträger liegt hierbei direkt auf den Kettenlaschen auf, die damit nicht nur die Kettenzugkraft übertragen, sondern auch das Fördergut tragen. Dies ist insbesondere beim Quertransport der Karossen zur Verbindung der einzelnen Fertigungslinien der Fall. Üblicherweise werden dazu Förderketten mit Traglaschen (Rollentragketten) in Standardausführung mit Laschen aus Stahl, wie in Bild 2.10 dargestellt, verwendet. Je nach Anlage kann es bei diesem Transportsystem zu Relativbewegungen zwischen Förderguttträger und Kettenlaschen kommen, wodurch der Förderguttträger und die Kettenlaschen verschleißen können. Um dies weitestgehend zu vermeiden, haben wir die in Bild 4.17 dargestellte Förderkette in Hybridbauweise mit Traglaschen aus Kunststoff entwickelt. Die Praxiserfahrungen zeigen, dass durch diese Kettenbauweise erheblich weniger Abnutzung am Förderguttträger und an der Traglaschenoberseite eintritt. Zusätzlich sind in den Gelenkteilen wälzgelagerte Bauteile integriert, die den Reibungswiderstand maximal reduzieren und so eine effiziente Antriebsleistung bei schmierlosem Kettenbetrieb gewährleisten. Hybridbauweise ist daher eine innovative Förderkettentechnik, die bei vergleichbarem Anforderungsprofil auch in anderen Branchen eine Lösung sein kann.

Produktvorteile der Förderketten in Hybridbauweise:

- Optimierte Betriebseigenschaften
- Kein Wartungsaufwand für Schmierung
- Keine Umgebungsverschmutzung durch Schmiermittel
- Reduzierte Antriebsleistung
- Reduzierter Energieverbrauch
- Reduzierte Betriebskosten
- Nachhaltigkeit
- Ökologisch

Bild 4.17 Förderkette in Hybridbauweise

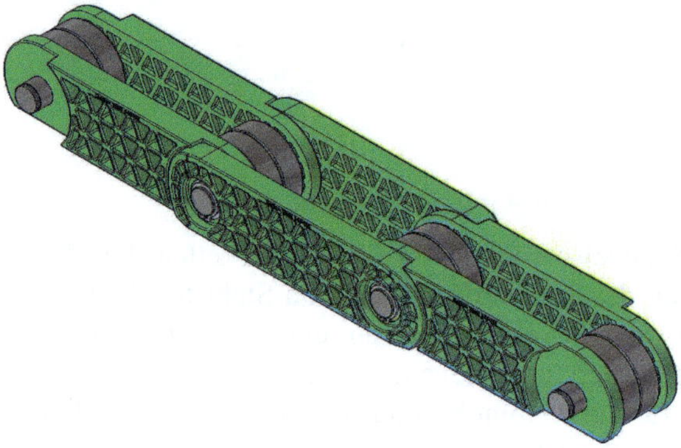

4.4.7 Kettenräder mit Longlife-Verzahnung

Bei der Longlife-Verzahnung werden eine stets ungerade Zähnezahl und der Teilkreisdurchmesser für die Kettenteilung so aufeinander abgestimmt, dass bei jeder Kettenradumdrehung nur jeder zweite Zahn zum Eingriff kommt. Die ungerade Zähnezahl bewirkt bei jeder Umdrehung den Wechsel zwischen belasteten und unbelasteten Zähnen. Dieser Ablauf wiederholt sich periodisch und führt so zu einer theoretisch doppelt so langen Funktionsdauer des Kettenrades. Die Einsatzmöglichkeit dieser Sonderverzahnung hängt von den Abmessungen der Förderkette und den spezifischen Anlagenparametern der jeweiligen Anwendung ab. Besonders Förderketten mit großer Teilung bieten gute Voraussetzungen für die Anwendung dieser innovativen Verzahnungsvariante. Bild 4.18 zeigt schematisch den Ablauf einer Förderkette über ein Kettenrad mit Longlife-Verzahnung mit 19 Zähnen= 2x9,5 Teilungswinkeln für die Kettenteilung p. Dargestellt ist der Zahnkontakt mit den einlaufenden Kettengelenken in Drehrichtung rechts für zwei Kettenradumdrehungen mit wechselndem Eingriff der rot und blau gekennzeichneten Zähne.

Produktvorteile der Kettenräder mit Long-Life-Verzahnung:

- Nur jeder zweite Zahn kommt periodisch wechselnd zum Eingriff
- Erheblich verlängerte Funktionsdauer
- Große Zähnezahl bei geringen Bauabmessungen
- Reduzierte Betriebskosten
- Nachhaltigkeit
- Ökologisch

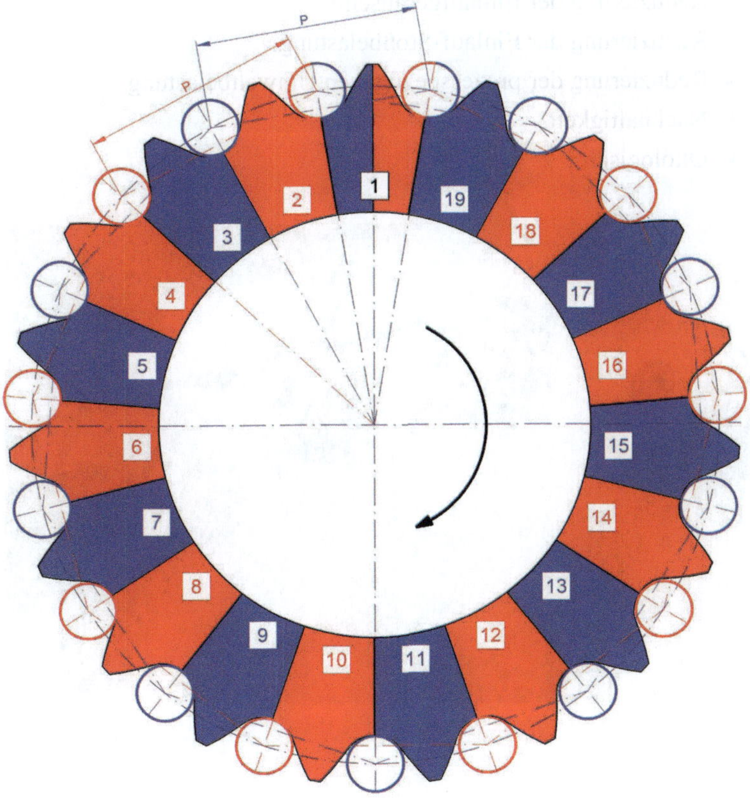

Bild 4.18 Schematische Darstellung der Longlife-Verzahnung

4.4.8 Kettenräder mit Geräuschdämpfung

Während des Betriebes der Förderanlage entsteht beim Einlauf der Förderkette in die Kettenräder durch den Einlaufstoß (siehe Kapitel 7.3.3) Geräusche, die in manchen Anwendungen störend und unerwünscht sind. Dies ist besonders dort der Fall, wo sich Personen in der Nähe der Förderanlage aufhalten oder dort ihren Arbeitsplatz haben, wie z.B. in Kaufhäusern bei den Rolltreppen und bei Förderanlagen in der Nähe von Wohngebieten. Es ist somit wichtig, störende Geräusche wenn möglich abzumildern. Um dieses Ziel zu erreichen, hat Ketten-Wulf verschiedene Geräuschdämpfungssysteme an Kettenrädern entwickelt, mit denen sich die Dynamik beim Kontakt des Kettengelenkes mit der Zahnflanke reduzieren lässt. Dadurch sinkt der Geräuschpegel, der gegenüber anderen Umgebungsgeräuschen häufig gar nicht mehr wahrnehmbar ist. Bauformen dieser Geräuschdämpfungssysteme sind in den Bildern 4.19 bis 4.21 dargestellt. Die Auswahl der Bauart hängt von den Anforderungen des jeweiligen Einsatzes ab.

Produktvorteile der Kettenräder mit Geräuschdämpfung:

- Reduzierung der Einlaufgeräusche
- Reduzierung der Einlauf-Stoßbelastung
- Reduzierung der prozessbezogenen Umweltbelastung
- Nachhaltigkeit
- Ökologisch

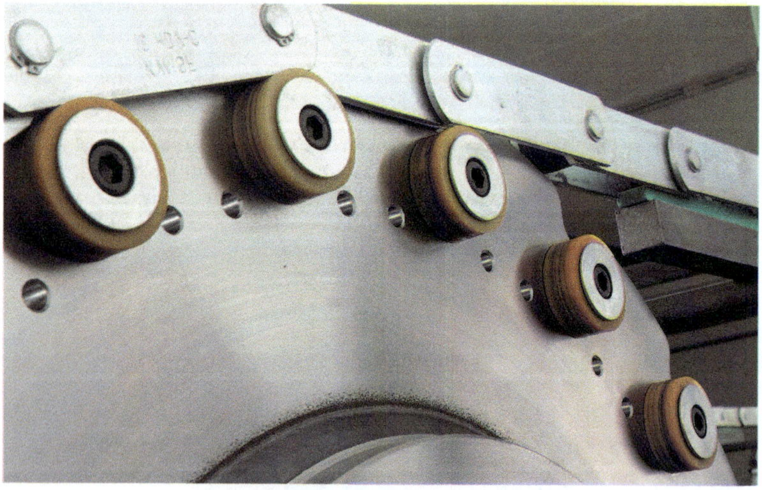

Bild 4.19 Geräuschdämpfung mit runden Dämpfungselementen

Bild 4.20
Geräuschdämpfung in runder Hybridbauweise

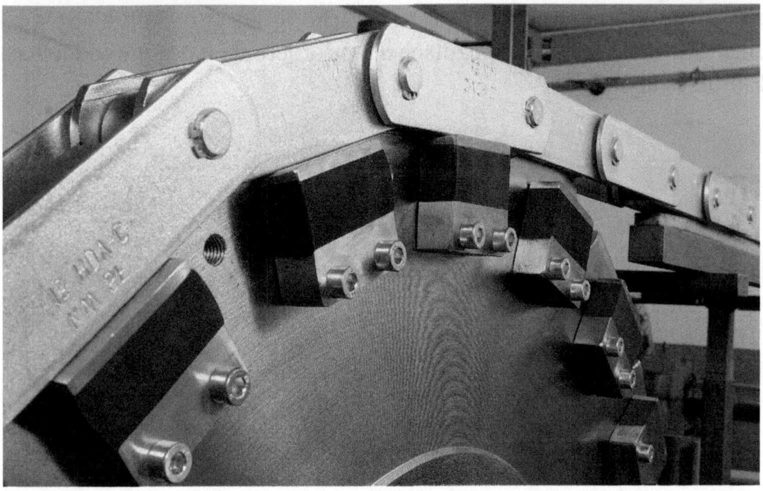

Bild 4.21
Geräuschdämpfung in eckiger Hybridbauweise

4.4.9 Polygonkompensation

Beim Ablauf der Förderkette über das Kettenrad legt sich die Kette in Form eines Polygons (Vieleck) um das Kettenrad. Rotiert dieses konstant, kommt es durch die Polygonwirkung zu Geschwindigkeitsschwankungen, die u.a. auch zu Schwingungen in der Förderkette führen. In vielen Förderanlagen ist dieser Polygoneffekt unerwünscht, wie z.B. beim Personentransport auf Rolltreppen und Fahrsteigen. Anzustreben sind daher generell Förderkettengetriebe mit möglichst geringem Polygoneffekt. Ermöglicht die Anlagenkonstruktion eine große Zähnezahl und/oder kleine Kettenteilung, bleibt die Polygonwirkung gering. Häufig schränken jedoch Einbauverhältnisse, Förderkettenbauform und Anforderungen in der Anwendung den Konstruktionsspielraum für diese Maßnahmen ein. Mit der patentierten Polygonkompensation in Form eines speziellen Kompensationsgetriebes bietet KettenWulf eine zusätzliche Möglichkeit, die Polygonwirkung zu verringern. Der schematische Aufbau des Getriebes ist in Bild 4.22 zu sehen. Grundsätzlich ist die technische Realisierbarkeit eines solchen Getriebes von den spezifischen Anforderungen des individuellen Einsatzes abhängig.

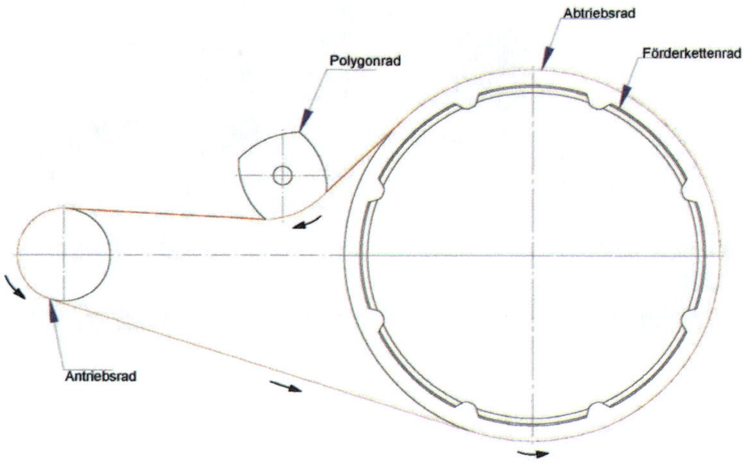

Bild 4.22 Schematische Darstellung des Polygon-Kompensationsgetriebes

4.5 Markteinführung

Die Markteinführung in der Entwicklungsphase 5 schließt den Innovationsprozess ab. Als Entwickler von hochwertigen Förderketten und Kettenrädern erarbeiten wir individuelle Produktlösungen, die speziell auf die Vorgaben und Anforderungen unserer Kunden ausgerichtet sind. Nur selten besteht die Möglichkeit, eine Neuentwicklung vorab in der Praxis zu testen. In der Realität des Tagesgeschäftes wird daher viel häufiger aus Zeitgründen eine konstruktiv erarbeitete Lösung und/ oder ein auf Prüfständen erprobter Prototyp ohne zusätzlichen Praxistest direkt in die Förderanlage eingebaut. Im Rahmen eines Leistungsportfolios, bestehend aus Beratung, Produktentwicklung, Produktion und After Sales Service, bietet KettenWulf an, eine Neuentwicklung im Praxisbetrieb mit Zustandsüberprüfungen zu begleiten. Diese können an ausgebauten Musterteilen in unserem Werk oder, falls möglich, vor Ort durchgeführt werden. Wesentlicher Bestandteil der Prüfberichte ist die Dokumentation des aktuellen Produktzustandes und eine Abschätzung der weiteren Funktionsdauer, die besonders für die Instandhaltungsplanung von Bedeutung ist (siehe dazu auch Kapitel 2.6.2). Generell sind Produktuntersuchungen geeignete Maßnahmen, Praxiserfahrungen zu sammeln und in neuen Projekten umzusetzen.

5 Anwendungsbeispiele in verschiedenen Branchen

Die vielfältigen Bauformen und Produkttechnologien der Förderketten und Kettenräder ermöglichen deren Einsatz als Maschinenelemente in sehr unterschiedlichen Fördereinrichtungen über viele Branchen hinweg. Die in diesem Kapitel vorgestellten Branchen und Produktbeispiele zeigen, wie sich besonders die konstruktive Bauform der Förderkette jeweils der spezifischen Anwendung anpassen lässt.

Inhalt

5.1 Personentransport

5.1.1 Anwendungen in der Fahrtreppenindustrie

Bild 5.1 Förderkette in einer Fahrtreppe im Eingangsbereich eines Museums

Förderketten in Fahrtreppen (Rolltreppen) und Fahrsteigen helfen uns an Orten mit viel Publikumsverkehr, wie z.B. in Kaufhäusern, Bahnhöfen und Flughäfen, Höhen zu überwinden oder längere Wegstrecken zurückzulegen. Von der Standardausführung in Kaufhäusern bis zur Schwerlastversion in Verkehrsfahrtreppen von U-Bahnstationen werden dazu Förderketten mit Betriebsschmierung, in wartungsarmer und in schmierloser Bauform benutzt. Alle Varianten müssen präzise Maßhaltig sein und den besonders hohen Qualitäts- und Sicherheitsansprüchen im Personentransport entsprechen.

Produktbeispiele:

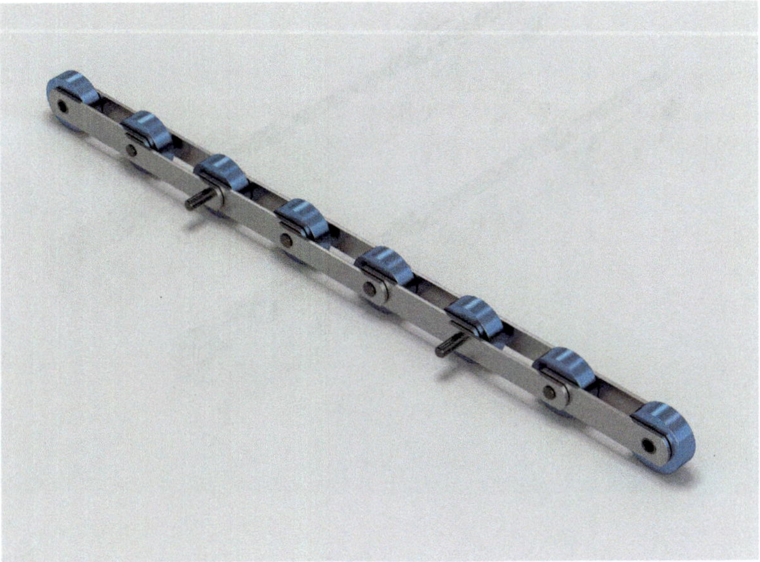

Bild 5.2
Förderkette mit innenliegenden Kugellager-Laufrollen und Stufenbolzen. Anwendung in Kaufhausfahrtreppen.

Bild 5.3
Förderkette mit Schonrollen und außenliegenden Kugellager-Laufrollen und Stufenbolzen. Anwendung in Verkehrsfahrtreppen.

Bild 5.4 Förderkette in Doppelstrangausführung mit Verbindungsachsen und Achszubehör, mit Schonrollen und außenliegenden Kugellager-Laufrollen. Anwendung in Verkehrsfahrtreppen.

Bild 5.5 Förderkette mit innenliegenden Kugellager-Laufrollen, mit Speziallaschen zur Aufnahme und Befestigung der Paletten. Anwendung in Fahrsteigen.

5.1.2 Anwendungen in Freizeitparks

Bild 5.6
Förderkette in einer Achterbahn

Förderketten in Freizeitparks sind für hohe Geschwindigkeiten und die daraus resultierenden dynamischen Kräfte bei unterschiedlichsten Umgebungseinflüssen ausgelegt. Alle Bauteile werden hinsichtlich der Materialien, Festigkeit, Wärmebehandlung, Oberflächengüte, Pressverbindungen und Beschichtungstechnik gemäß den spezifischen Qualitäts- und Sicherheitsvorgaben dieser Branche produziert.

Produktbeispiele:

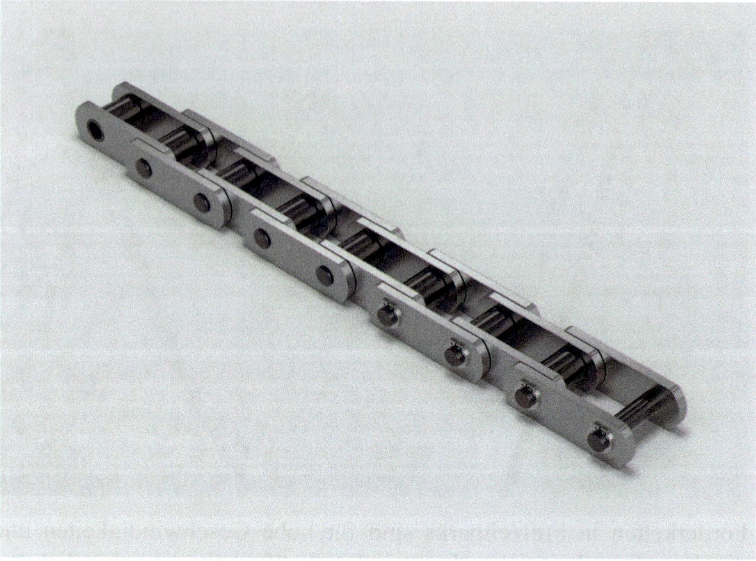

Bild 5.7 Förderkette mit Schonrollen. Anwendung als Standard Lift-Chain in Achterbahnen.

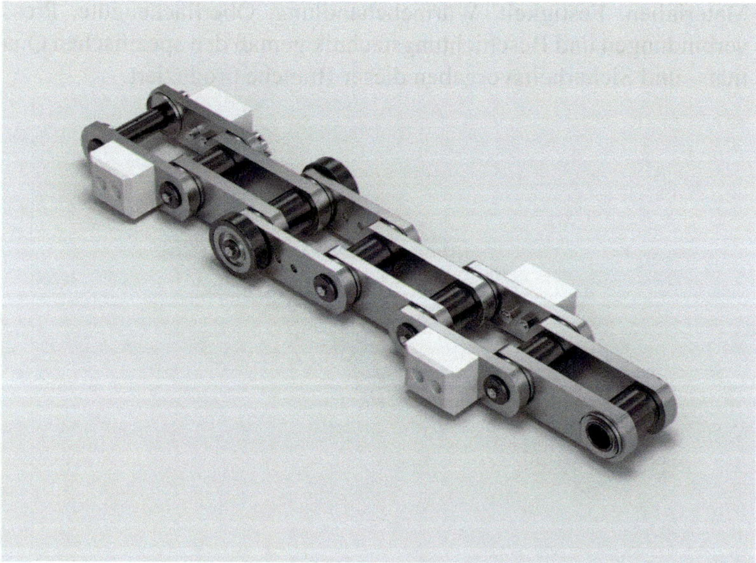

Bild 5.8 Förderkette mit Schonrollen, beidseitig außenliegenden Kugellager-Laufrollen und Seitenführungsstücken in definierten Abständen. Anwendung als Lift-Chain in Achterbahnen.

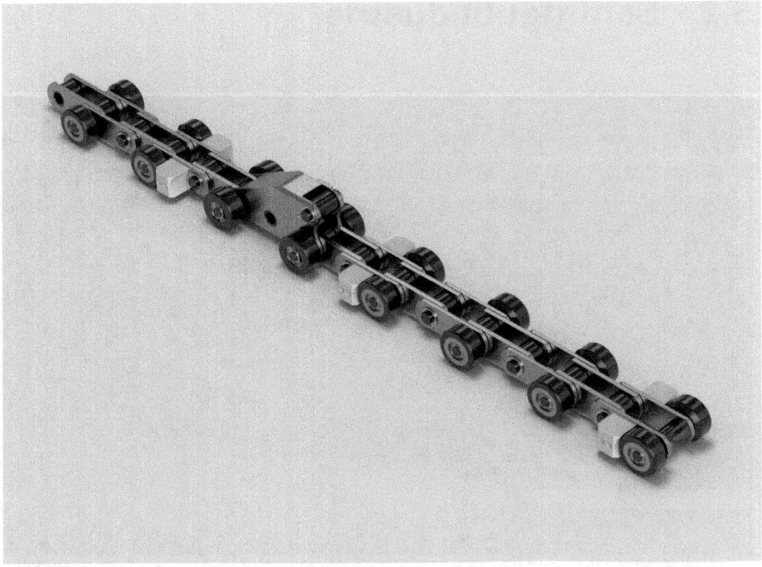

Bild 5.9
Förderkette mit Schonrollen, beidseitig außenliegenden Kugellager-Laufrollen sowie Seitenführungsstücken und Mitnehmer in definierten Abständen. Anwendung als Lift-Chain in Achterbahnen.

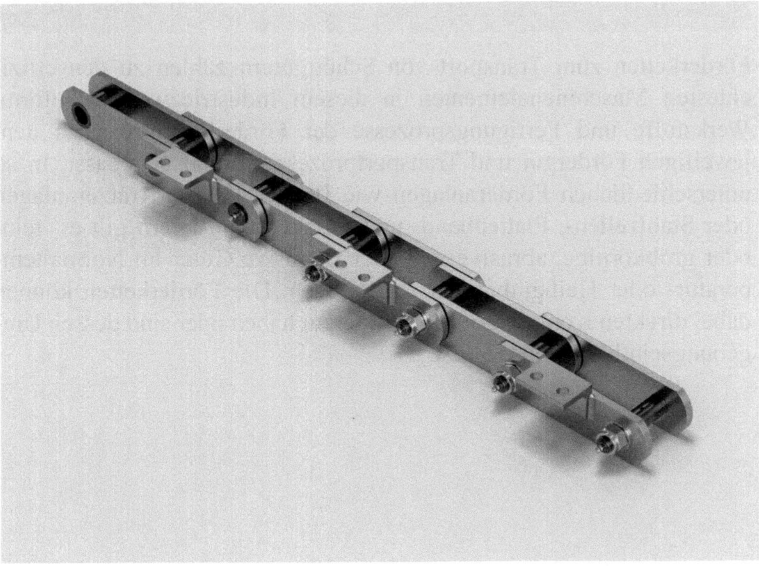

Bild 5.10
Förderkette mit einseitigem Befestigungswinkel an jedem Außenglied, alle Gelenkbolzen mit Nachschmiereinrichtung. Anwendung als Lift-Chain in Wasserbahnen.

5.2 Schüttgutindustrie

Bild 5.11
Förderkette für Brückenkratzer in einem Kreislager

Förderketten zum Transport von Schüttgütern zählen zu den effizientesten Maschinenelementen in diesem Industriezweig. Bauform, Werkstoffe und Fertigungsprozesse der Förderketten werden dem jeweiligen Fördergut und Transportprozess optimal angepasst. In so unterschiedlichen Förderanlagen wie Becherwerken, Kratzeranlagen oder Stahlzellen-, Plattenband- und Trogkettenförderern gilt es, fein- oder grobkörnige, abrasive und/oder korrosive Güter im Normaltemperatur- oder Heißgutbereich zu bewegen. Die Förderketten können dabei direkten Kontakt mit dem Fördergut haben oder sind dessen Umgebungseinflüssen ausgesetzt.

Produktbeispiele:

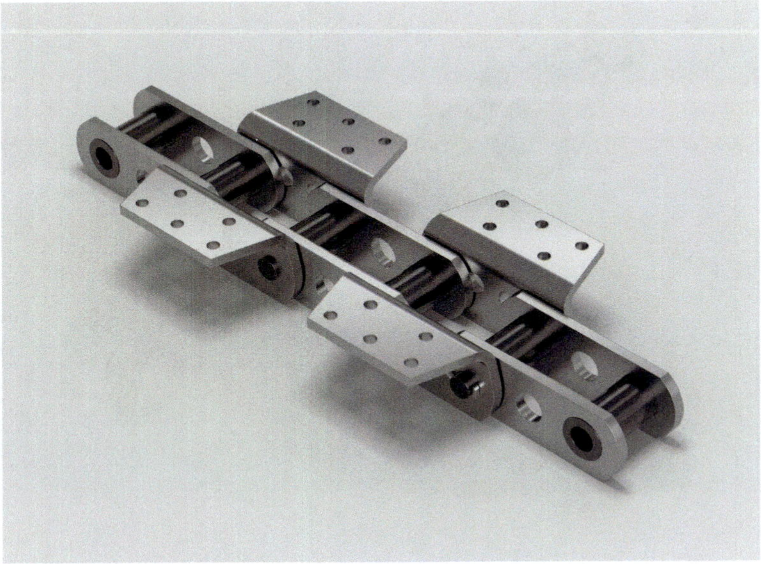

Bild 5.12
Förderkette mit beidseitigem Befestigungswinkel an jedem Außenglied zur Befestigung der Fördergutbecher, alle Laschen mit Erleichterungslöchern. Anwendung in Becherwerken.

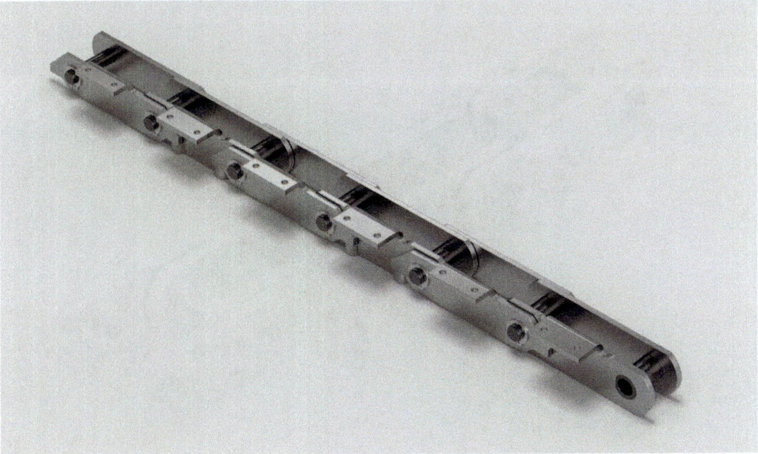

Bild 5.13
Förderkette in rückensteifer Ausführung mit einseitigem Befestigungswinkel an jedem Glied zur Befestigung der Fördergutzellen. Anwendung in Stahlzellenförderern.

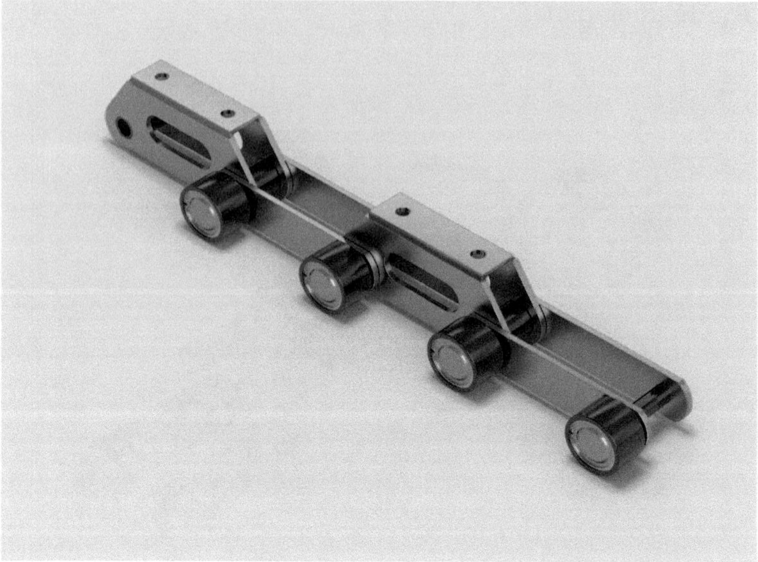

Bild 5.14 Förderkette mit erhöhten Laschen und aufgeschweißter Platte zur Befestigung der Fördergutkratzer an jedem Innenglied, alle Gelenkbolzen mit einseitig außenliegender Laufrolle, die erhöhten Laschen mit Erleichterungslöchern. Anwendung in Brückenkratzern für Längs- und Kreislager.

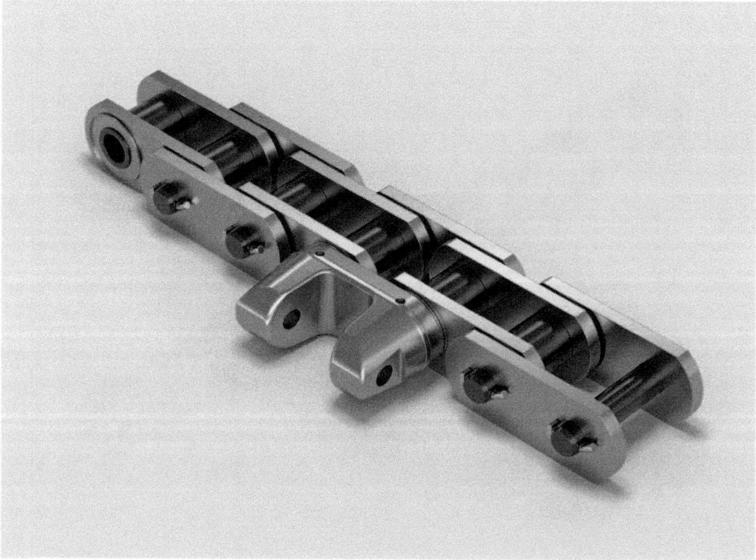

Bild 5.15 Förderkette einseitig mit geschmiedeten Spezialbefestigungen in variablen Abständen zur Befestigung der Fördergutkratzer. Anwendung in Feeder Breakern.

5.3 Automobilindustrie

Bild 5.16 Zweistrang – Plattenband in der PKW-Endmontage

Die Automobilindustrie setzt Förderketten in unterschiedlichen Fördersystemen und Produktionsprozessen ein. Schwerpunkte sind dabei der Rohbau und die Lackierung der Karossen sowie die Endmontage der Fahrzeuge. Vom Rohbau bis zur Endmontage werden die Karossen, die auf Skids oder Traversen als Tragelement befestigt sind, auf Längs- und Querförderern zu den jeweiligen Prozesszonen gebracht. Zusätzliche Pufferförderer, als kurzfristige Speichermöglichkeit für unterschiedliche Produktionsstückzahlen in den Einzelprozessen, können die Fördersysteme ergänzen. In den Prozesszonen des Rohbaus und der Lackierung übernehmen Trag- und Tauchförderer den Transport, die Endmontage erfolgt überwiegend auf Plattenbandförderern.

Produktbeispiele:

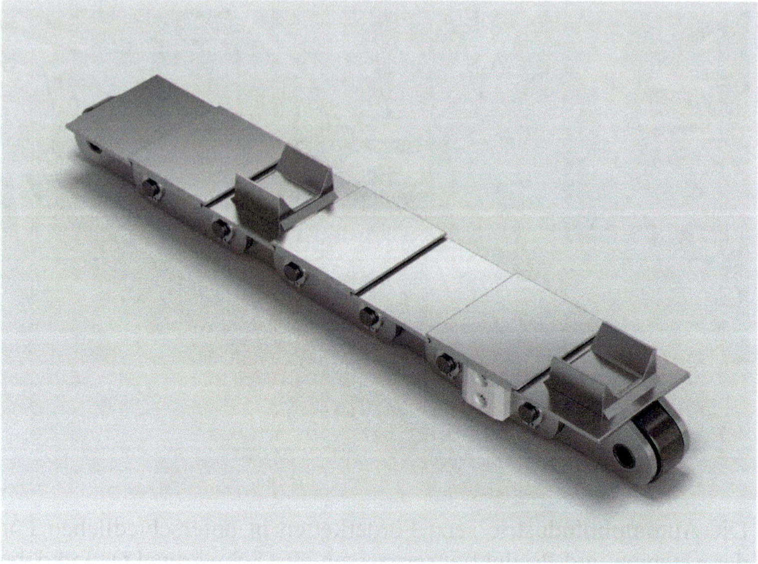

Bild 5.17
Förderkette mit Laufrolle und aufgeschweißter Platte auf jedem Glied, in variablen Abständen mit zusätzlichem Tragstück und Seitenführungsstücken zur Aufnahme der Skidkufen. Anwendung Karossentransport in Spritzkabinen.

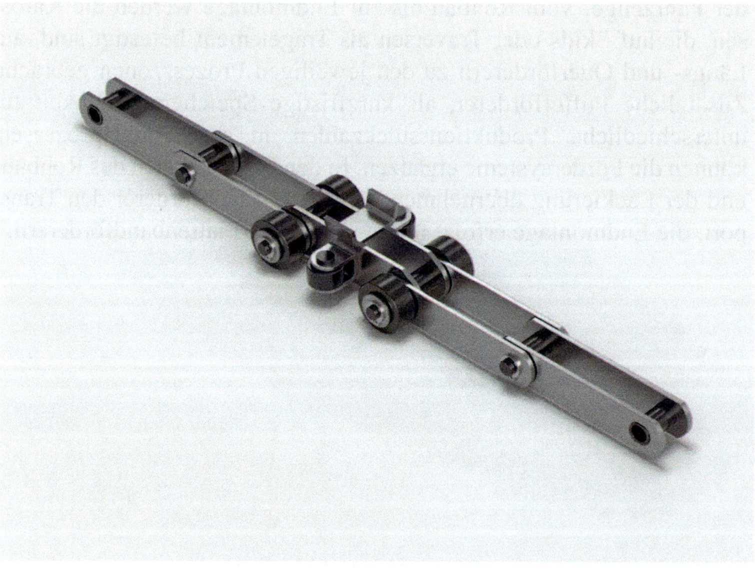

Bild 5.18
Förderkette mit Traggliedern und außenliegenden Tragrollen in variablen Abständen zur Aufnahme der Skidkufen. Anwendung Karossentransport in Trocknern.

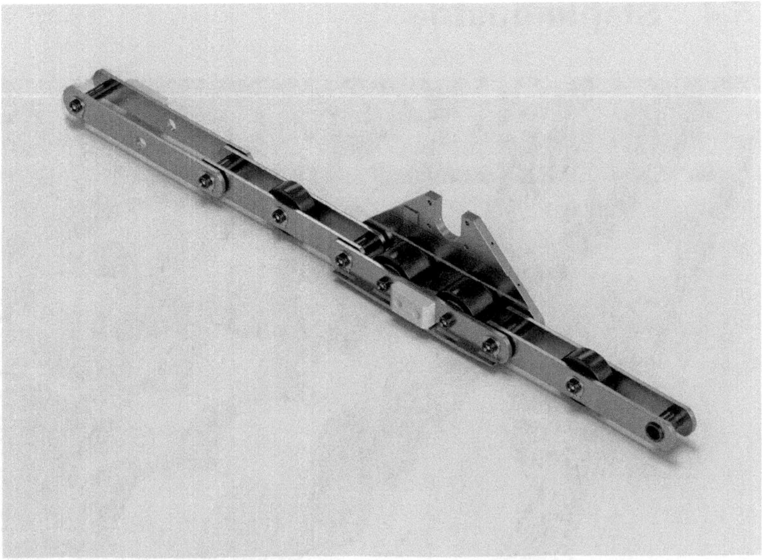

Bild 5.19
Förderkette mit Drehschemelgliedern in variablen Abständen. Alle Innenglieder mit zusätzlicher Mittelrolle zur Reduzierung des Kettendurchhanges zwischen den Tragliedern. Anwendung Karossentransport in RoDip-Tauchanlagen zur Vorbehandlung und KTL-Lackierung.

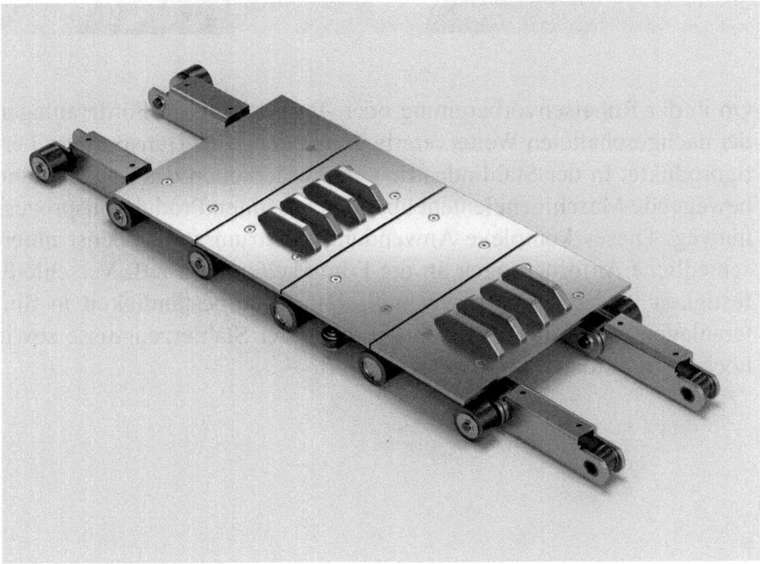

Bild 5.20
Förderkette in Doppelstrang-Ausführung mit aufgeschraubter Tragplatte auf jedem Glied. In variablen Abständen die Tragplatten mit Radmitnehmern und beidseitig außenliegender Seitenführungsrolle. Anwendung Pkw-Transport in verschiedenen Bereichen der Endmontage.

5.4 Stahlindustrie

Bild 5.21
Förderkette zum Coil-Transport versandbereiter Fertigprodukte

Ob in der Roheisenvorbereitung oder -formgebung, in Förderanlagen der nachgeschalteten Weiterverarbeitung oder beim Transport der Fertigprodukte: In der Stahlindustrie sind Förderketten das tragende und bewegende Maschinenelement über den gesamten Produktionsprozess hinweg. Dieses komplexe Anwendungsspektrum stellt höchst unterschiedliche Anforderungen an die Förderketten, wie z.B. Verschleißfestigkeit in der Lagerplatztechnik, Temperaturbeständigkeit in Sinteranlagen und in der Wärmebehandlung der Stahlerzeugnisse sowie höchste Belastbarkeit im Coil-Transport.

Produktbeispiele:

Bild 5.22
Förderkette mit aufgeschweißter Tragplatte auf jedem Glied zur Aufnahme des Fördergutes, alle Gelenkbolzen mit beidseitig außenliegender Bundlaufrolle. Anwendung als Tragkette zum Rohrtransport in Kühlbetten.

Bild 5.23
Förderkette mit Mitnehmergliedern und Mittelrolle abwechselnd in jedem Innen- und Außenglied zur Mitnahme des Fördergutes, alle Gelenkbolzen mit beidseitig außenliegender Bundlaufrolle. Anwendung als Mitnehmerkette zum Rohrtransport in Kühlbetten.

Bild 5.24
Förderkette mit Höcker-Traggliedern in variablen Abständen zur Aufnahme des Fördergutes, alle Gelenkbolzen mit beidseitig außenliegender Laufrolle. Anwendung als Höckerkette im Coil-Transport.

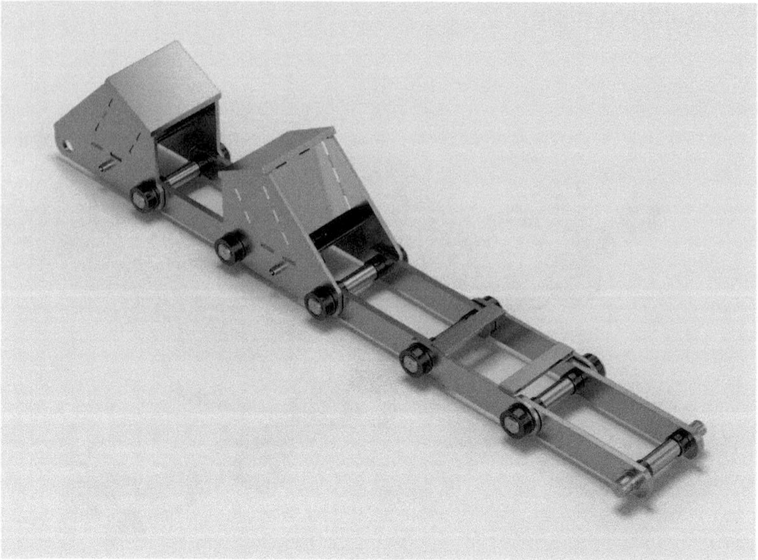

Bild 5.25
Förderkette mit aufgeschraubten Muldentragplatten auf jedem Glied zur Aufnahme des Fördergutes, alle Gelenkbolzen mit beidseitig außenliegender Bundlaufrolle. Anwendung als Muldenkette im Coil-Transport.

5.5 Dämmstoffindustrie

Bild 5.26 Förderkette mit aufgeschraubten Lamellen in Fasersammelkammern

Die Dämmstoffindustrie stellt mit Mineralwolle (Glas- und Steinwolle) ein wichtiges Produkt her, um damit die Energieeffizienz z.B. von Gebäuden zu verbessern. Für die Produktion der Dämmstoffe werden Förderketten unter anderem in Sammelkammern, Härteöfen und Fallschächten eingesetzt. Extreme Umgebungsbedingungen mit aggressiven und abrasiven Medien, Temperaturen bis 300 °C sowie hohe Fördergeschwindigkeiten erfordern spezielle Förderketten in optimaler Qualität.

Produktbeispiele

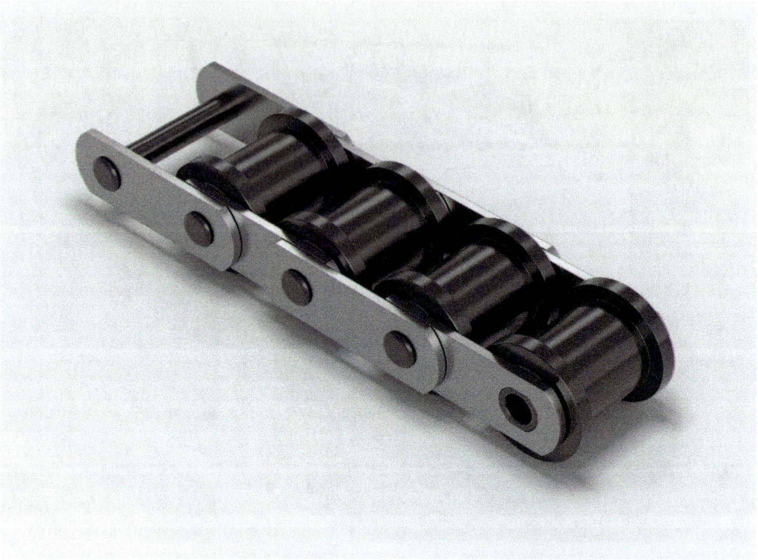

Bild 5.27 Förderkette mit innenliegenden Doppel-Bundlaufrollen. Anwendung als Schleppkette in Härteöfen.

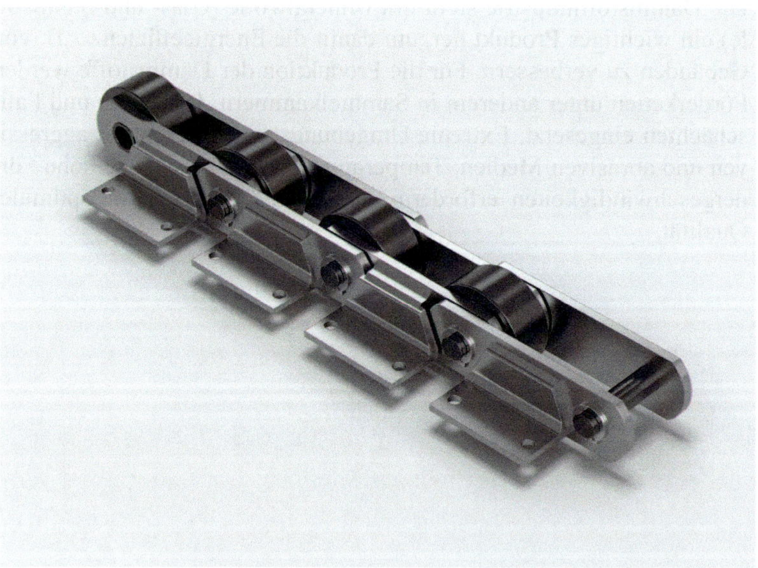

Bild 5.28 Förderkette mit innenliegenden Laufrollen und einseitigem Befestigungswinkel an jedem Glied. Anwendung als Tragkette in Fasersammelkammern und Härteöfen.

Bild 5.29
Förderkette mit innenliegenden Laufrollen und einseitigem Befestigungswinkel mit zusätzlich eingeschweißtem Knotenblech an jedem Glied. Anwendung als Tragkette in Fasersammelkammern und Härteöfen.

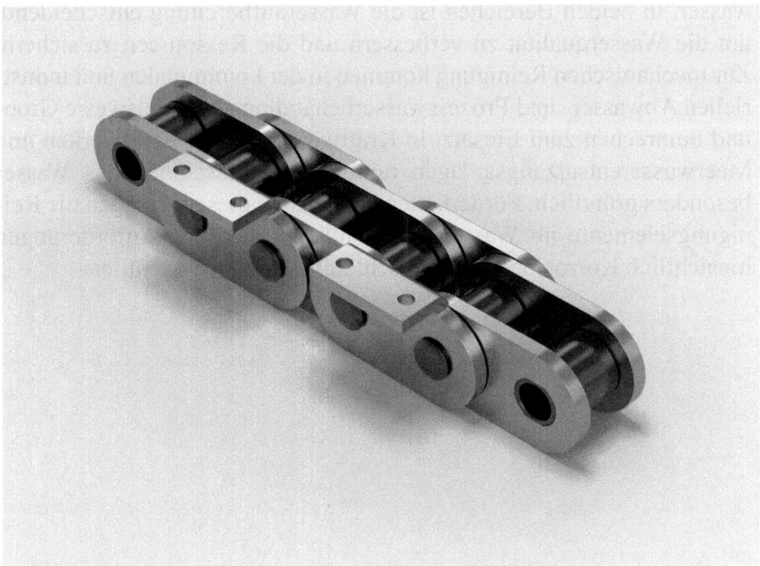

Bild 5.30
Förderkette mit Schonrollen und einseitigem Befestigungswinkel an jedem Außenglied. Anwendung als Tragkette in Spinnkammern.

5.6 Wasseraufbereitung

Bild 5.31 Wasseraufbereitungsanlage

Menschen brauchen Trinkwasser, und die Industrie benötigt Prozesswasser. In beiden Bereichen ist die Wasseraufbereitung entscheidend, um die Wasserqualität zu verbessern und die Ressourcen zu sichern. Zur mechanischen Reinigung kommen in der kommunalen und industriellen Abwasser- und Prozesswasserbehandlung beispielsweise Grob- und Feinrechen zum Einsatz. In Kraftwerksanlagen, Stahlwerken und Meerwasserentsalzungsanlagen reinigen Siebmaschinen das Wasser besonders gründlich. Förderketten bewegen in diesen Anlagen die Reinigungselemente im Wasser. Dabei müssen sie hohe Anforderungen hinsichtlich Korrosions- und Verschleißbeständigkeit erfüllen.

Produktbeispiele:

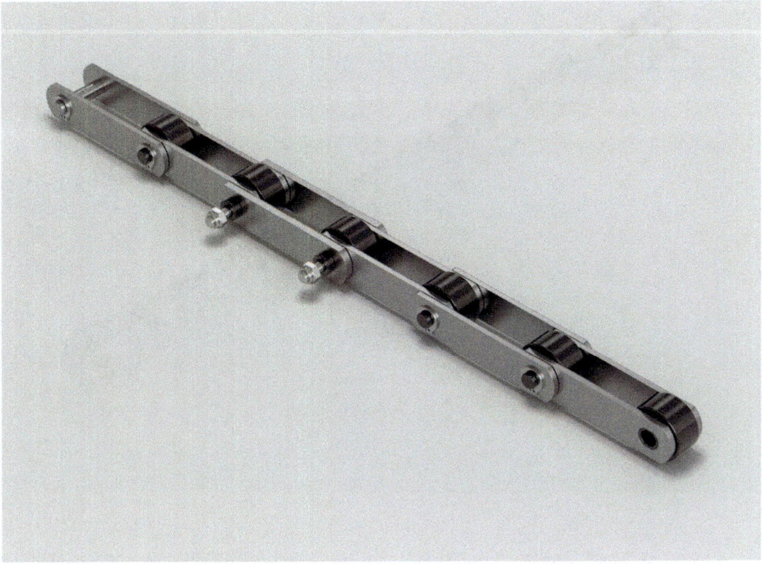

Bild 5.32 Förderkette mit Laufrollen und einseitig verlängerten Gelenkbolzen in variablen Abständen zur Befestigung der Reinigungselemente. Anwendung in Grobrechen.

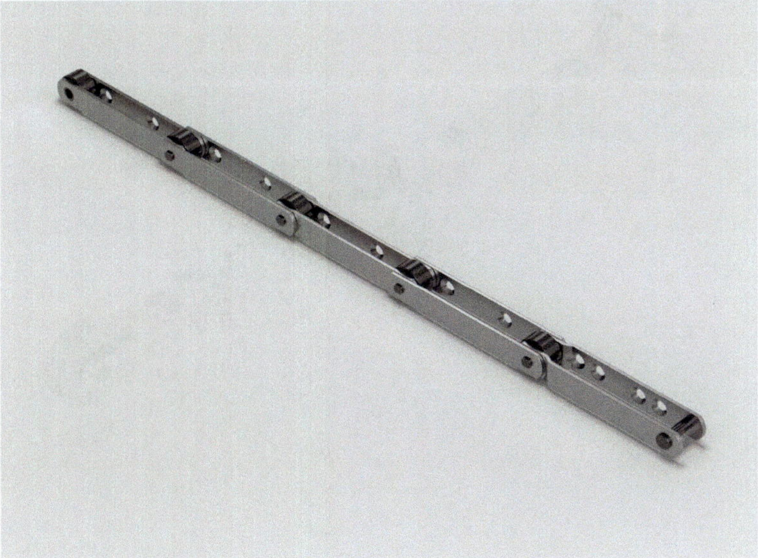

Bild 5.33 Förderkette mit Laufrollen, auf einer Kettenseite alle Laschen mit Befestigungslöchern zur Befestigung der Reinigungselemente. Anwendung in Feinrechen.

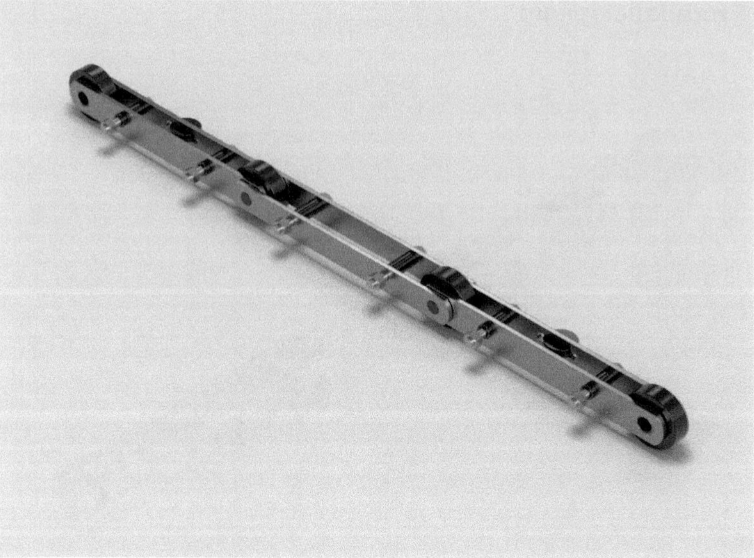

Bild 5.34 Förderkette mit Laufrollen und zusätzlichen Seitenführungsrollen in jedem Innenglied, alle Glieder mit zwei Befestigungsschrauben zur Befestigung der Siebkorbelemente. Anwendung in Korb-Siebmaschinen.

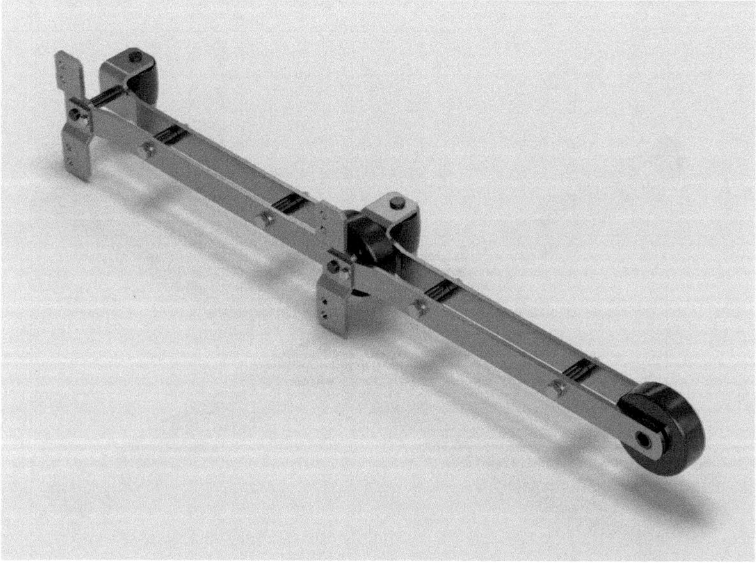

Bild 5.35 Förderkette mit Laufrollen als Kettenführungsrolle. An jedem Kettengelenk außenliegend eine zusätzliche Laufrolle als Kettentragrolle, gegenüberliegend angebogene Mitnehmer zur Befestigung der Siebscheibenelemente. Anwendung in MultiDisc-Siebmaschinen.

5.7 Holzindustrie

Bild 5.36
Förderkette für Rundholztransport in einer Sortierstranganlage

Die Holzindustrie als Teilbereich der Holzwirtschaft bearbeitet im Wesentlichen den Rohstoff Holz und verarbeitet ihn zu Halbfabrikaten und Fertigwaren weiter. Förderketten übernehmen hier den Transport zwischen einzelnen Fertigungsstationen und innerhalb der Produktionsprozesse. Beispiele für deren Einsatz sind Rundholzaufgabe, Wurzelreduzierer, Entrindung, Kappsäge, Stammwendung, Blockzug, Sortierstrang, Sägelinien, Spanereinzug, Brettervereinzelung, deren Sortierung und Speicherung sowie der Spänetransport. In diesen Einsatzfeldern der Holzindustrie müssen Förderketten besonders für hohe stoßartige und dynamische Belastungen geeignet sein.

Produktbeispiele:

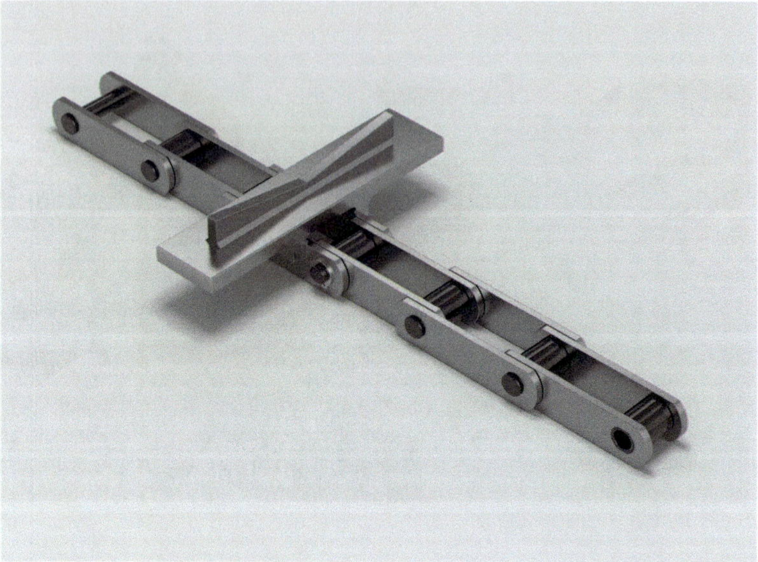

Bild 5.37 Förderkette mit Schonrollen, Außenglieder mit aufgeschweißter Tragplatte und prismenförmigem Mitnehmer in variablen Abständen. Anwendung in Rundholzförderern.

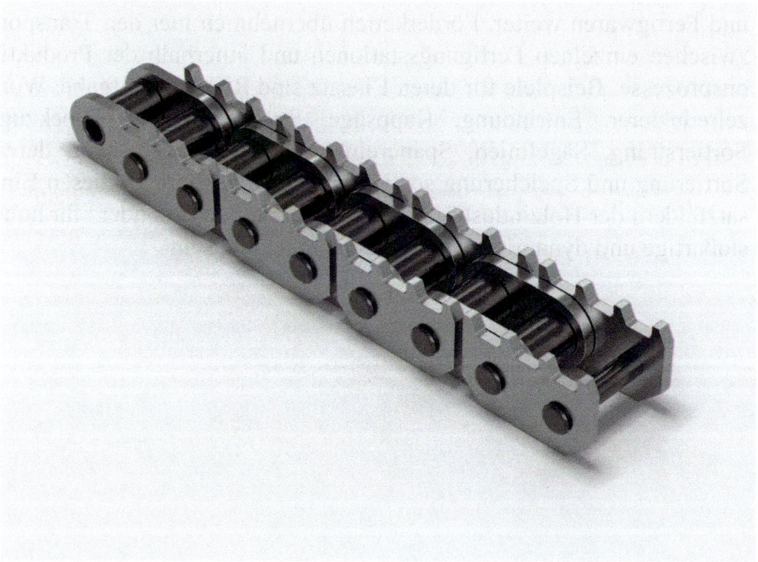

Bild 5.38 Förderkette mit Schonrollen, alle Außenglieder mit verzahnten Mitnehmerlaschen. Anwendung als Einzugskette in Profilzerspanern.

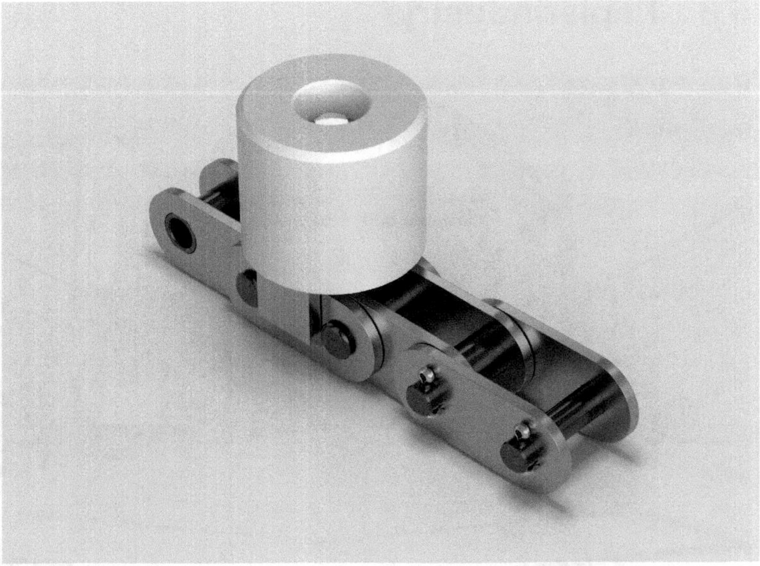

Bild 5.39
Förderkette mit aufgeschweißtem U-Bügel und eingebauter Kunststoffrolle in variablen Abständen. Anwendung im Brettertransport.

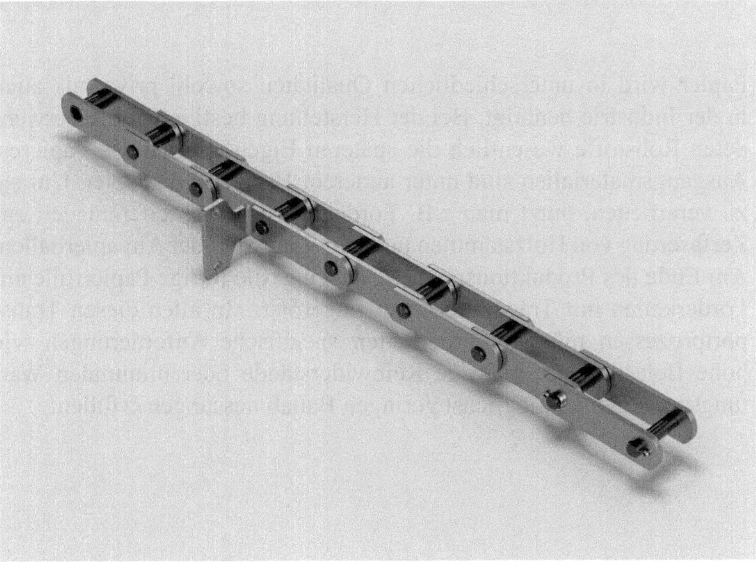

Bild 5.40
Förderkette mit einseitiger Mitnehmerlasche am Außenglied in variablen Abständen. Anwendung im Spänetransport.

5.8 Papierindustrie

Bild Nr.5.41
Papierrollen-transport

Papier wird in unterschiedlichen Qualitäten sowohl privat als auch in der Industrie benötigt. Bei der Herstellung bestimmen die verwendeten Rohstoffe wesentlich die späteren Eigenschaften des Papieres. Ausgangsmaterialien sind unter anderem Holz und Altpapier. Um sie zu verarbeiten, nutzt man z.B. Förderketten in Schleiferanlagen zur Zerfaserung von Holzstämmen und zum Transport der Altpapierballen. Am Ende des Produktionsprozesses gelangt die fertige Papierrolle auf Förderketten mit Tragplatten zum Lagerplatz. In allen diesen Transportprozessen müssen Förderketten spezifische Anforderungen wie hohe Belastbarkeit, niedrige Reibwiderstände oder minimalen Wartungsaufwand bei möglichst geringen Bauabmessungen erfüllen.

Produktbeispiele:

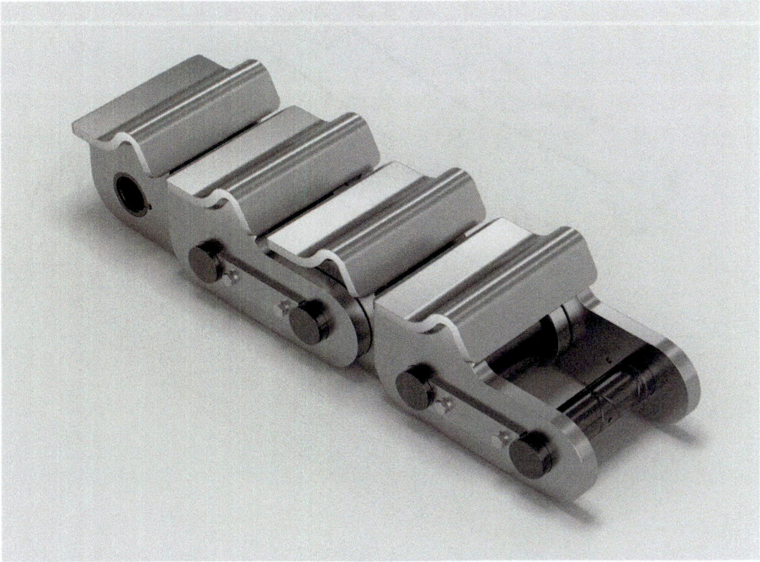

Bild 5.42
Förderkette mit aufgeschweißten Druckplatten auf jedem Glied. Anwendung in Holzschleiferanlagen zum Anpressen der Holzstämme auf das Schleifwerkzeug.

Bild 5.43
Förderkette mit aufgeschweißter Muldentragplatte auf jedem Glied, alle Gelenkbolzen mit beidseitig außenliegender Laufrolle. Anwendung im Transport liegender Papierrollen.

Bild 5.44
Förderkette in Doppelstrang-Ausführung mit Laufrollen und aufgeschraubter Muldentragplatte auf jedem Glied. In variablen Abständen Seitenführungsrollen mittig unter den Muldentragplatten befestigt. Anwendung im Transport liegender Papierrollen.

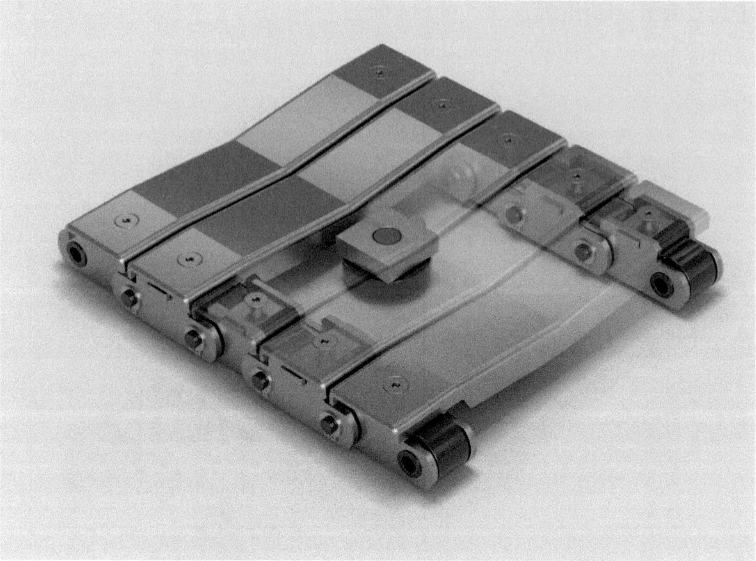

Bild 5.45
Förderkette in Dreistrang-Ausführung mit Laufrollen und aufgeschraubter Tragplatte auf jedem Glied. In variablen Abständen Seitenführungsrollen beidseitig außenliegend an den Tragplatten befestigt. Anwendung im Transport stehender Papierrollen.

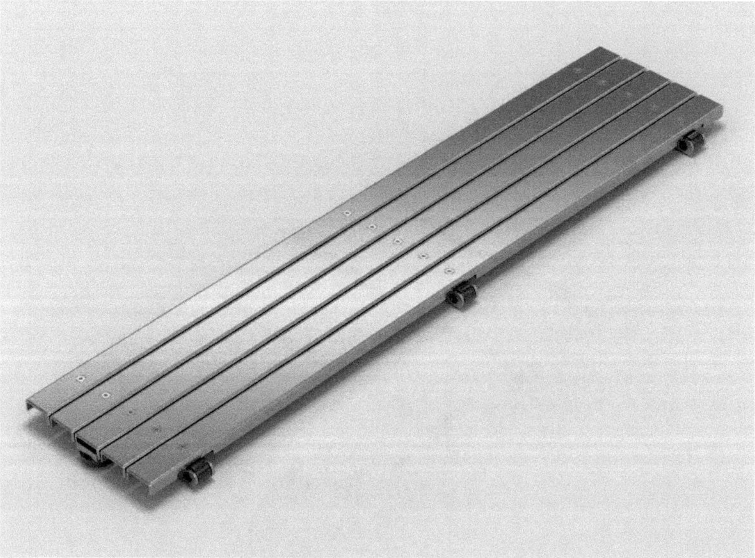

5.9 Maschinen- und Anlagenbau

Bild 5.46 Flaschentransport in der Getränkeindustrie

Der Maschinen- und Anlagenbau ist einer der größten Industriezweige in Deutschland. Er entwickelt und produziert Maschinen und komplexe Anlagen für eine Vielzahl unterschiedlicher Branchen und Anwendungen, in denen die Förderkette das bewegende Maschinenelement in Förder- und Transportanlagen ist. Förderketten werden in dieser Branche universell genutzt und müssen in jedem Einzelfall anderen Anforderungen genügen, wie beispielsweise reduzieren der Antriebsleistung oder verringern der Geräuschentwicklung. Häufig sind Produktvarianten und Produkttechnologien der Förderketten Bestandteil der Lösung, wenn es um Vorgaben hinsichtlich Energieeffizienz, Umweltverträglichkeit oder Nachhaltigkeit geht.

Branchen und Produktbeispiele

Branche Getränkeindustrie

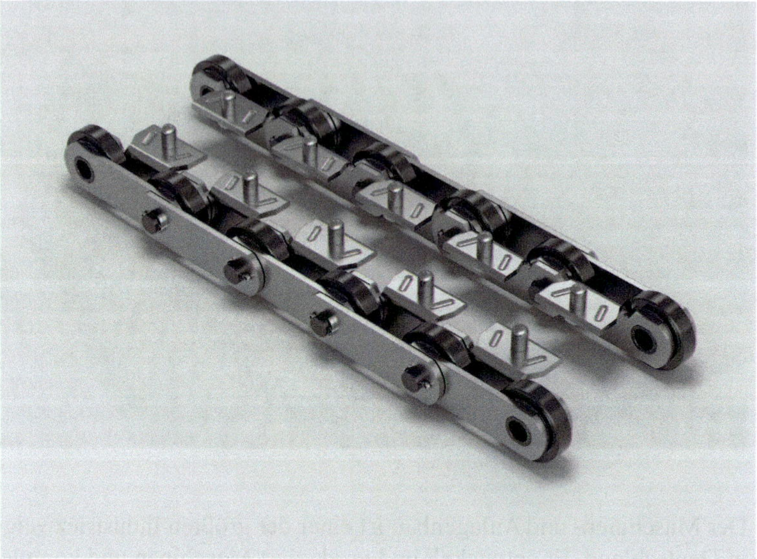

Bild 5.47 Förderkette mit Laufrollen, jedes Glied einseitig mit Mitnehmerlasche und Gewindeschraube zur Befestigung der Flaschenkorbträger. Anwendung als Doppelstrang-Förderkette mit aufgeschraubten Flaschenkorbträgern in Flaschenreinigungsmaschinen

Branche Mühlenbau

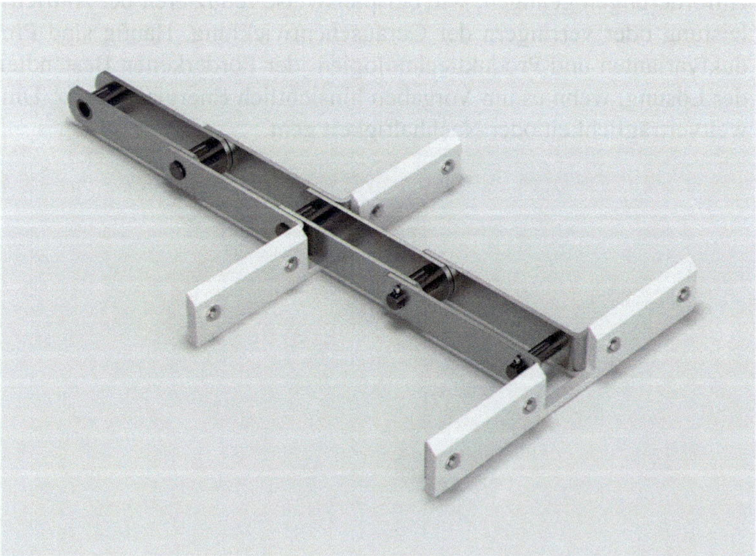

Bild 5.48 Förderkette mit beidseitig, L-förmig abgebogener Außenlasche und mit anmontierten Kratzerelementen aus Kunststoff. Anwendung als Kratzerkette z.B. für den Getreidetransport in Trogförderanlagen.

Branche Industrieofenbau

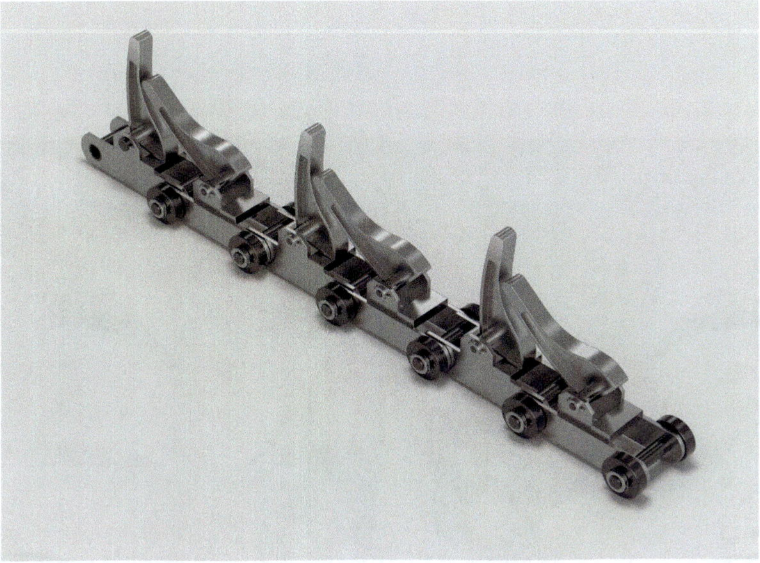

Bild 5.49
Förderkette mit beidseitig außenliegender Laufrolle, jedes Glied als Mitnehmerglied mit eingebautem, kippbarem Spezialmitnehmer. Anwendung in Glüh- und Vergütungsöfen zum Rohrtransport.

Branche Glasindustrie

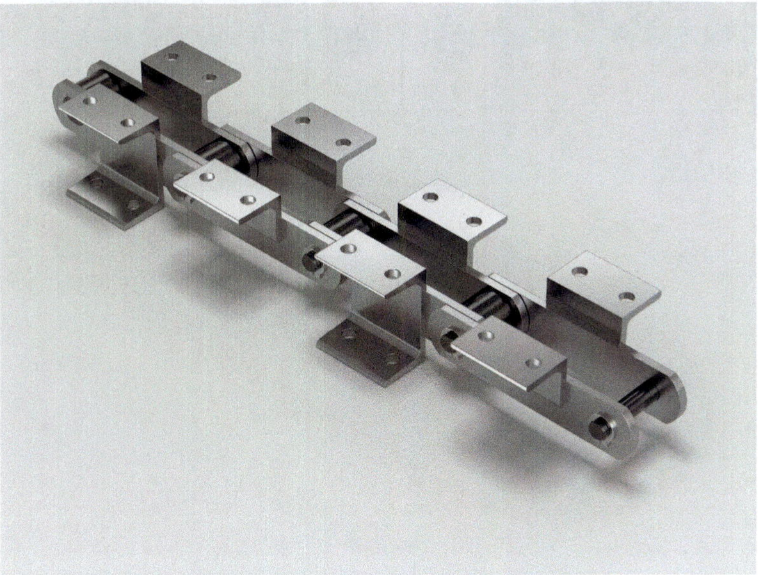

Bild 5.50
Förderkette mit Schonrollen, alle Glieder auf einer Kettenseite mit angeschweißtem Winkeleisen, andererseits die Außenglieder mit angeschweißtem Winkeleisen und die Innenglieder mit angeschweißtem U-Eisen zur Befestigung von Kratzerelementen. Anwendung in der Glasherstellung als Kratzerkette in Glasbruch – Förderanlagen.

上海体育馆
上海体育馆

6 Berechnungsgrundlagen für Förderketten

Inhalt

Formelzeichen und Einheiten

Abkürzung	Bezeichnung	[Einheit]
A	Achsabstand	[m]
b	Länge des freien Durchhangs	[m]
A_{Bolzen}	Querschnittsfläche am Gelenkbolzen	[mm²]
A_{krit}	Kritischer Querschnitt	[mm²]
A_{proj}	Projizierte Fläche	[mm²]
$A_{proj\ Flächenloch}$	Projizierte Fläche eines Flächenlochs	[mm²]
$A_{proj\ Rundloch}$	Projizierte Fläche eines Rundlochs	[mm²]
a	Beschleunigung des Kettentriebes	[m/s²]
$b_{Polygon}$	Beschleunigung durch Polygoneffekt	[mm/sec²]
c_{Bolzen}	Flächenmaß Gelenkbolzen	[mm]
c_{Buchse}	Flächenmaß Gelenkbuchse	[mm]
d_0	Teilkreisdurchmesser	[mm]
d_{Buchse}	Durchmesser Gelenkbuchse	[mm]
d_{Bolzen}	Durchmesser Gelenkbolzen	[mm]
$d_{i\ Laufrolle}$	Innendurchmesser der Laufrolle	[mm]
F	Gesamtkettenzugkraft	[N]
f	Kettendurchhang	[m]
FB_{min}	Bruchkraft min. nach Norm	[N]
$FB_{rechnerisch}$	Rechnerische Bruchkraft	[N]
$F_{dyn\ Beschleunigung}$	Dynamische Kettenzugkraft aus Beschleunigung	[N]
$F_{dyn\ Fliehkraft}$	Dynamische Kettenzugkraft aus Fliehkraft	[N]
$F_{dyn\ Polygon}$	Dynamische Kettenzugkraft aus Polygonwirkung	[N]
$F_{Förder}$	Förderkraft	[N]
f_k	Hebelarm der rollenden Reibung	[mm]
f_{Lasche}	Faktor zur Laschenausführung	[-]
f_n	Faktor Nebenwiderstand	[-]
F_{Rest}	Restzugkraft	[N]
$F_{Gew.}$	Gewichtskraft pro Laufrolle	[N]
F_S	Stützzug	[N]
$F_Ü$	Überschlägige Kettenzugkraft	[N]
F_{Z1}	Kontaktkraft am ersten tragenden Zahn	[N]
F_{Z1max}	Maximale Kontaktkraft am ersten tragenden Zahn	[N]
g	Erdbeschleunigung	[m/sec²]
g_{Lasche}	Laschenhöhe	[mm]
G_f	Fördergutgewicht	[kg/m]
l	Mit Fördergut belastete Länge der Förderkette	[m]
$l_{Kettenbuchse}$	Länge Gelenkbuchse	[mm]
$l_{Schonrolle}$	Länge Schonrolle	[mm]

Abkürzung	Bezeichnung	[Einheit]
$l_{Laufrolle}$	Länge Laufrolle	[mm]
$M_{Antrieb}$	Motorantriebsmoment	[Nm]
$M_{Kettentrieb}$	Drehmoment des Kettentriebs	[Nm]
n	Drehzahl des Kettenrades	[1/sec]
p	Förderkettenteilung	[mm]
$p_{Flächenpressung}$	Flächenpressung	[N/mm²]
p_{zul}	Zulässige Flächenpressung	[N/mm²]
$P_{Antrieb}$	Motorantriebsleistung	[kW]
$P_{Kettentrieb}$	Leistung des Kettentriebs	[kW]
q	Spezifisches Kettengewicht	[kg/m]
R	Radius Rolle	[mm]
r	Radius Gelenkbuchse	[mm]
r_{rel}	Wirksamer Radius	[mm]
r_{relmin}	Minimaler wirksamer Radius	[mm]
r_{relmax}	Maximaler wirksamer Radius	[mm]
r_U	Umkreisradius	[mm]
S	Sicherheitsfaktor	[-]
s	Laschenstärke	[mm]
W	Widerstandsmoment gegen Biegung	[mm³]
z	Anzahl der Zähne am Förderkettenrad	[-]
$z_{Eingriff}$	Anzahl der Kettenradzähne im Eingriff	[-]
α	Teilungswinkel	[°]
β	Laufkoordinate am Kettenrad	[°]
γ_{St}	Steigungswinkel	[°]
γ	Flankenwinkel	[°]
η_{Gesamt}	Anlagenspezifischer Wirkungsgrad	[-]
μ_k	Kettenreibungsfaktor	[-]
μ_z	Laufrollenreibungsfaktor	[-]
μ_{Ro}	Rollwiderstandsbeiwert	[-]
ν	Fördergeschwindigkeit	[m/sec]
σb	Biegespannung	[N/mm²]
σ_l	Lochleibungsdruck	[N/mm²]
$\sigma_{l\,zul}$	Zulässiger Lochleibungsdruck	[N/mm²]
σ_z	Zugspannung	[N/mm²]
$\sigma_{z\,zul}$	Zulässige Zugspannung	[N/mm²]
τ_m	Mittlere Scherspannung	[N/mm²]
$\tau_{m\,zul}$	Mittlere zulässige Scherspannung	[N/mm²]
ω	Winkelgeschwindigkeit des Kettenrades	[rad/sec]
$\Delta\,\nu$	Geschwindigkeitsdifferenz	[m/sec]

Berechnungsgrundlagen für Förderketten

Dieses Kapitel behandelt die grundlegenden Schritte, um eine geeignete Förderkette auszuwählen und zu dimensionieren. Dabei sind für jeden speziellen Einsatz die besonderen Belastungen durch das Fördergut, die Umgebungsbedingungen und weitere Einflüsse zu berücksichtigen.

Die mathematische Auslegung von Förderketten beruht im Wesentlichen auf statischen Verfahren, weil in der Regel die dynamisch auftretenden Belastungen durch die relativ geringen Kettengeschwindigkeiten, z.B. im Vergleich zu Antriebsketten, niedrig sind. Durch die technische Entwicklung werden die Fördergeschwindigkeiten zunehmend höher. Deshalb ist es wichtig, die zusätzlichen dynamischen Belastungen zu kennen, um diese wenn nötig zu berücksichtigen. Daher sind die nachfolgenden grundlegenden Berechnungen lediglich als Leitfaden zu verstehen. Einen einheitlichen Berechnungsvorgang für alle Anwendungsfälle zu entwickeln, ist aufgrund der komplexen Einflussfaktoren nicht möglich.

6.1 Definition der Betriebskenndaten

Aus den Betriebskenndaten einer Förderanlage lassen sich die Belastungen der Förderkette ableiten. Vor Berechnung einer Förderkette müssen diese also definiert werden, um das Spektrum der Beanspruchungen im späteren Betrieb umfassend ermessen zu können.

6.1.1 Mechanische Betriebskennwerte

Tabelle 1 beinhaltet beispielhafte Anlagenparameter, welche besondere Beachtung erfordern.

Mechanische Betriebskennwerte	Einflüsse auf die Förderkette
Antriebsleistung	Unter Berücksichtigung möglicher Wirkungsgrade resultiert daraus eine Umfangskraft am Kettenrad
Kettengeschwindigkeiten	Beeinflusst die Größe von Fliehkräften sowie der Polygonwirkung
Achsabstand und Umlenkungen	Unter Berücksichtigung der Kettengeschwindigkeit ergeben sich die zu erwartenden Flexuren der Kettengelenke im Betrieb
Ansteigende Förderung	Hangabtriebskräfte der bewegten Massen müssen kompensiert werden
Anfahrzyklen der Anlage	Die Anzahl sowie die auftretenden Beschleunigungen müssen ggf. berücksichtigt werden
Teilung und Kettenraddurchmesser	Unter Berücksichtigung der Kettengeschwindigkeit ergeben sich Belastungen durch den Polygoneffekt und die Fliehkräfte
Rollenausführung	Je nach konstruktiver Ausführung ergeben sich unterschiedliche Reibungswerte und somit Einflüsse auf die Gesamtkettenzugkraft
Ketteneigen- und Fördergutgewicht	Unter Berücksichtigung der Rollreibungsfaktoren ergeben sich hieraus Bewegungswiderstände
Schmierung	Der Reibwiderstand in den jeweiligen Kontaktstellen hat direkten Einfluss auf die resultierende Kettenzugkraft

Tabelle 1 Auswahl mechanischer Betriebskennwerte

6.1.2 Anwendungsbedingte Betriebskennwerte

Neben den mechanischen Belastungen etwa durch Gewichtskräfte des Fördergutes, Reibkräfte innerhalb der Anlage oder auftretende Massenträgheitskräfte müssen die anwendungsbedingten Betriebskennwerte wie Feuchtigkeit, Temperatur u. ä. berücksichtigt werden (vgl. Tabelle 2).

Anwendungsbedingte Betriebskennwerte	**Einflüsse auf die Förderkette**
Thermische und / oder abrasive Umgebungsbedingungen	Veränderung der Werkstoffeigenschaften (Anlasseffekte) und / oder Verschleiß nehmen Einfluss auf die Wahl der Werkstoffe und konstruktive Ausführung
Chemische und elektro- chemische Umgebungsbedingungen	Werkstoffschädigungen durch Korrosion oder Rissbildung können auftreten und müssen zum Zeitpunkt der Konstruktion berücksichtigt werden
Stillstandzeiten	Lange Stillstandzeiten können die Ausführung und Werkstoffauswahl der Förderkette beeinflussen, z.B. Kontaktkorrosion

Tabelle 2 Auswahl anwendungsbedingter Betriebskennwerte

Die beschriebenen Einflüsse gilt es bei der Auswahl oder Konstruktion einer Förderkette zu beachten. Die grundlegenden Berechnungen müssen, falls erforderlich, im Einzelfall angepasst oder ergänzt werden.

6.2 Berechnungsgrundsätze für Stetigförderer nach DIN 22200 [1]

In der Norm DIN 22200, Ausgabe Mai 1994, finden sich Berechnungsansätze für Stetigförderer, welche es ermöglichen, die Gesamtkettenzugkraft sowie die erforderliche Antriebsleistung einer Förderanlage zu bestimmen.

Im ersten Schritt wird das Fördergut mathematisch durch Volumenströme erfasst. Für die unterschiedlichen Bauformen der Stetigförderer ergeben sich je nach Art der Förderbewegung (kontinuierlich, pulsierend oder punktuell) verschiedene mathematische Ansätze.

Aus den Fördergutströmen lassen sich unter Berücksichtigung der spezifischen Gewichte die Massenströme ableiten. Zu beachten sind hierbei die unterschiedlichen Füllquerschnitte, Neigungswinkel der Förderanlagen sowie Fördergutgeschwindigkeiten.

Um die bestimmten Massenströme in Bewegung zu setzen, sind unterschiedliche Widerstände zu überwinden, welche die DIN 22200 wie folgt aufteilt:

Steigungswiderstand

Die Hangabtriebskraft der Massenströme muss je nach Orientierung des Förderers durch Antriebs- oder Bremsleistungen berücksichtigt werden.

Reibungswiderstand

Aus der Bewegung der Massen resultieren Reibungswiderstände, welche wiederum in die Faktoren Hauptwiderstand, Nebenwiderstand und Sonderwiderstand aufgeteilt werden.

Hauptwiderstand

Der Hauptwiderstand beschreibt den Reibungswiderstand während der Förderbewegung; er resultiert aus der Normalkraft zwischen Förderkette und Führungsbahn. Üblicherweise werden an dieser Stelle Rollen verwendet, welche das Kettengewicht und das Fördergutgewicht über eine Lauffläche am Förderer abtragen. Hierbei ist neben möglichen Neigungswinkeln innerhalb der Anlage auch die Rückführung der Förderkette zu beachten. Formeln zu diesem Widerstand finden sich in der DIN 22200 und werden in Kapitel 6.3.1 genauer aufgezeigt.

Nebenwiderstand

Dieser Faktor beinhaltet Leistungsverluste etwa durch Reibung innerhalb der Kettengelenke und der Kettenlaschen an den Zahnflanken, die beim Ablauf der Kette über die Kettenräder entstehen. Er berücksichtigt ebenfalls die Reibungswiderstände der Wellenlagerungen. Die Leistungsverluste werden durch einen Faktor im Bereich von 5 bis 10 % des Hauptwiderstandes abgeschätzt und nicht detaillierter berechnet.

Sonderwiderstand

Wird das Fördergut in der Anlage an einer Führung relativ bewegt, so entsteht an dieser Kontaktstelle eine weitere Reibungskraft, die ebenfalls zu beachten ist. Für Schüttgutförderung lässt sich dieser zusätzliche Widerstand mit der in der Norm genannten Formel berechnen.

Erforderliche Antriebsleistung

Unter Berücksichtigung eines Wirkungsgrades des gesamten Antriebs kann die erforderliche Antriebsleistung aus der Umfangskraft, welche die Summe der Bewegungswiderstände bildet, und der Fördergeschwindigkeit bestimmt werden.

Gesamtkettenzugkraft

Im letzten Schritt beschreibt die Norm das Ermitteln der Gesamtkettenzugkraft F innerhalb der Förderanlage. Zusätzlich zur Umfangskraft muss dazu die Hangabtriebskraft der Förderkette bestimmt und berücksichtigt werden. Darüber hinaus muss eine anlagenspezifische Vorspannkraft beachtet werden, welche „zum Straffhalten der Förderkette" dient. Als letzte Komponente der Gesamtkettenzugkraft wird ein dynamischer Anteil aufgeführt, welcher den Polygoneffekt berücksichtigt.

6.3 Vorgehensweisen zur Berechnung der Gesamtkettenzugkraft

Grundsätzlich bietet die DIN 22200 einen guten Einstieg zum Verständnis der komplexen Beanspruchungseinwirkungen auf eine Förderkette innerhalb einer Förderanlage. Die exakte Auslegung der Förderkette muss jedoch immer in enger Zusammenarbeit zwischen Kettenhersteller, Anlagenbauer und / oder dem Anwender erfolgen um sicherzustellen, dass alle Beanspruchungen berücksichtigt werden. Die Auslegung von Förderketten basiert bei KettenWulf auf den Inhalten der DIN 22200. Unsere jahrzehntelangen Erfahrungen in den vielfältigen Anwendungsgebieten haben jedoch zu notwendigen Ergänzungen der darin vorgestellten Formeln geführt.

Grundsätzlich unterscheidet man zwei übliche Ansätze zur Ermittlung der Gesamtkettenzugkraft:

1. Bei der Neukonstruktion einer Förderanlage sind zum Zeitpunkt der Auslegung und Konstruktion die antriebsseitigen Kennwerte nicht bekannt. Daher werden im ersten Ansatz die Förderkettenbelastungen aus den Betriebskennwerten der Förderanlage ermittelt. In einem weiteren Schritt kann der Analgenhersteller dann die erforderliche Antriebsleistung bestimmen und installieren.
2. Der zweite Ansatz berechnet die Kettenbelastung aus vorgegebenen Antriebskennwerten der Förderanlage.

6.3.1 Berechnung der Gesamtkettenzugkraft nach Betriebskennwerten

Grundlage der Berechnung ist die vollständige Definition der Betriebskennwerte wie im Kapitel 6.1 beschrieben. Darauf basierend kann die Gesamtkettenzugkraft F nach (Gl. 6.1) berechnet werden:

$$F = F_{Förder} + F_{(dyn\ Polygon)} + F_{(dyn\ Beschleunigung)} + F_{(dyn\ Fliehkraft)} + F_{Rest} \qquad (Gl.\ 6.1)$$

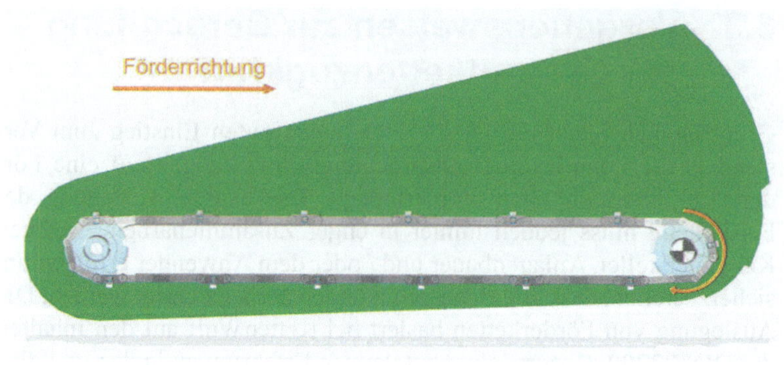

Bild 6.1 Schematische Darstellung des Kräfteverlaufs der Gesamtkettenzugkraft F am Förderkettengetriebe

Stoßartige Belastungen sind im Einzelfall gesondert zu berücksichtigen.

Die einzelnen Komponenten der Formel werden im weiteren Verlauf detaillierter ausgeführt und mathematisch beschrieben.

Hierbei ist anzumerken, dass zur Bestimmung der einzelnen Komponenten der Gesamtkettenzugkraft bereits Informationen der später verwendeten Förderkette notwendig sind. Es ist somit erforderlich, die ungefähren Eckdaten des Maschinenelementes Förderkette bereits zu diesem frühen Zeitpunkt der Auslegung vorausschauend zu dimensionieren. Diese Vordimensionierung erfordert viel Erfahrung und Wissen im Bereich der Förderkettenanwendung und Förderkettenauslegung. Zu den Eckdaten zählen beispielsweise:

- Die Bauart der Förderkette,
- geometrische Daten der Förderkette (wie Teilung, Rollen- Gelenkbolzen- Gelenkbuchsendurchmesser) und
- das Ketteneigengewicht

Hilfreich für die Vordimensionierung sind insbesondere die Normen DIN 8165[2] und DIN ISO 1977[3] (Ersatz der DIN 8167).

Da diese Eckdaten Einfluss auf die Gesamtkettenzugkraft und somit auch auf die Ausführung der Förderkette haben, muss die Berechnung im Anschluss dieser Vordimensionierung gegebenenfalls wiederholt werden.

Förderkraft $F_{Förder}$

Die Förderkraft $F_{Förder}$ beschreibt die Kraft, welche ausschließlich zur Bewegung des Fördergutes benötigt wird. Hier werden zunächst die Förderkräfte für vier unterschiedliche Ausführungsvarianten einer Förderanlage aufgezeigt.

Waagerechte Förderung; Förderketten ohne Rollen

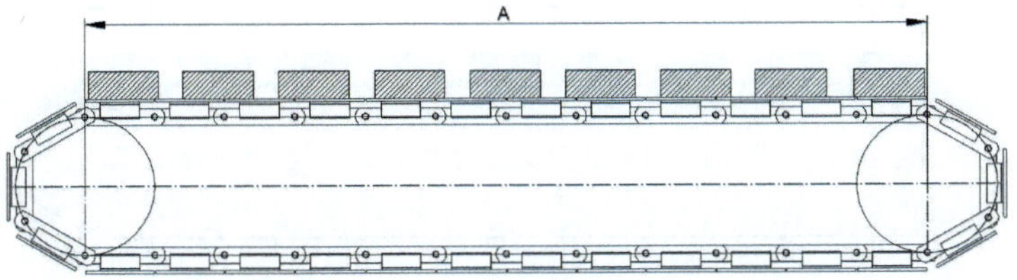

Bild 6.2

$$F_{Förder} = \mu_k \cdot (2 \cdot A \cdot q + l \cdot G_f) \cdot g \cdot f_n \qquad (Gl.\ 6.2)$$

Ansteigende Förderung; Förderketten ohne Rollen

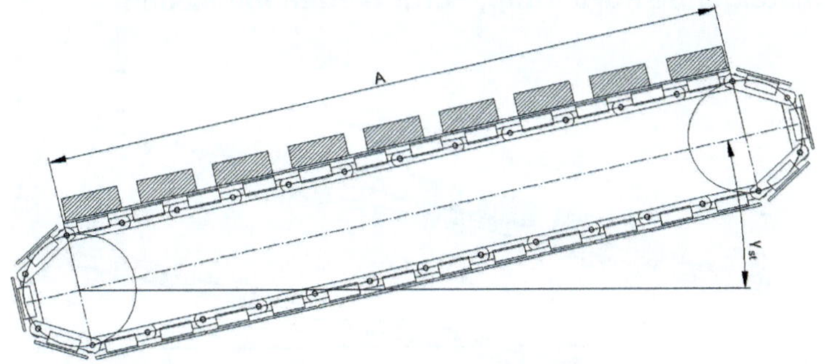

Bild 6.3

$$F_{Förder} = [A \cdot q \cdot (2 \cdot \mu_k \cdot \cos\gamma_{St} + \sin\gamma_{St}) + l \cdot G_f \cdot (\mu_k \cdot \cos\gamma_{St} + \sin\gamma_{St})] \cdot g \cdot f_n$$

$$(Gl.\ 6.3)$$

Je nach Anwendungsfall liegt der Förderkettenreibungsfaktor μK im üblichen Bereich von 0,15 bis 0,4.

Waagerechte Förderung, Förderketten mit Rollen

Bild 6.4

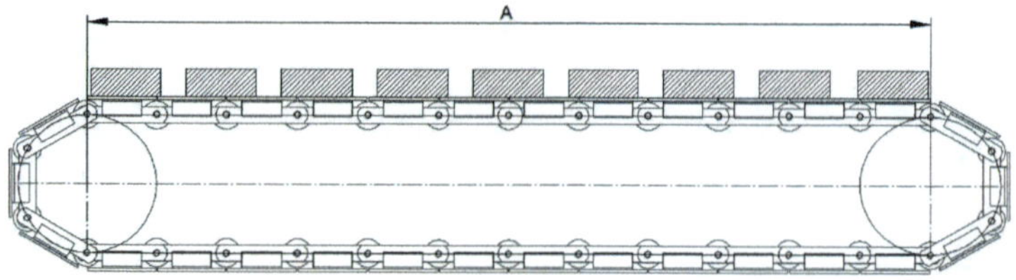

$$F_{Förder} = (2 \cdot A \cdot q + l \cdot G_f) \cdot \mu_{Ro} \cdot g \cdot f_n \qquad (Gl.\ 6.\ 4)$$

Ansteigende Förderung, Förderketten mit Rollen

Bild 6.5

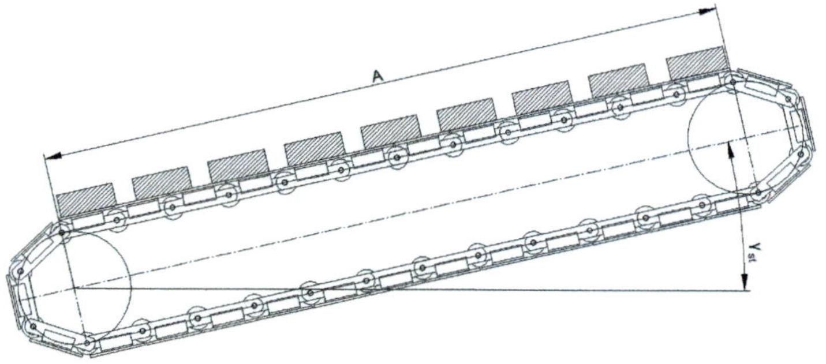

$$F_{Förder} = \{A \cdot q \cdot [2 \cdot \mu_{Ro} \cdot \cos\gamma_{St} + \sin\gamma_{St}] + l \cdot G_f \cdot [\mu_{Ro} \cdot \cos\gamma_{St} + \sin\gamma_{St}]\} \cdot g \cdot f_n \qquad (Gl.\ 6.5)$$

Der Rollwiderstandsbeiwert μ_{Ro} einer auf Rollen abgetragenen Förderkette muss je nach Ausführungsvariante bestimmt werden. Der Faktor kann für eine gleitgelagerte Konstruktion nach (Gl. 6.6) berechnet werden.

$$\mu_{Ro} = \frac{f_k}{R} + \frac{r}{R} \cdot \mu_z \qquad (Gl.\ 6.6)$$

Der Hebelarm der rollenden Reibung f_k muss je nach Materialpaarung definiert werden. Für eine Ausführung mit Stahlrollen auf einer Laufbahn aus Stahl kann man einen Wert von 0,5 mm annehmen. Der Laufrollenreibungsfaktor μ_z liegt je nach Betriebsbedingungen im Bereich von 0,1 … 0,3.

Der Nebenwiderstand f_n berücksichtigt unter anderem die Reibung in den Kettengelenken, zwischen Förderkette und Kettenrad sowie der Wellenlagerungen. Erfahrungswerte für f_n liegen zwischen 1,05 und 1,10.

Wie bereits erwähnt, sind die hier aufgeführten Formeln lediglich die Grundlage zur Bestimmung einer Gesamtkettenzugkraft und müssen je nach Ausführung einer Förderanlage erweitert und/oder angepasst werden. Beispiel ist eine Förderanlage mit unterschiedlichen Steigungen und Gefällen innerhalb der Förderstrecke. Durch Modifizieren und Erweitern der jeweiligen „Grundformel" können die Beanspruchungen innerhalb einer solch komplexeren Förderanlage in erster Näherung bestimmt und zur Auslegung der Förderkette herangezogen werden.

Dynamische Polygonkraft $F_{dyn\ Polygon}$

Der Anteil der dynamischen Polygonwirkung an der Gesamtkettenzugkraft kann nach (Gl. 6.7) bestimmt werden. Eine detaillierte Beschreibung des Polygoneffektes folgt in Kapitel 6.6.

$$F_{dyn\ Polygon} = \frac{\omega^2 \cdot p}{2 \cdot 1000} \cdot (2 \cdot A \cdot q + G_f \cdot l) \qquad (Gl.\ 6.7)$$

Dynamische Beschleunigungskraft $F_{dyn\ Beschleunigung}$

Dieser Anteil der Gesamtkettenzugkraft berücksichtigt die Massenträgheitskräfte, welche während des Anfahrens und Abbremsens einer Förderanlage entstehen. In erster Näherung werden hierbei die Massen des Fördergutes und der Förderkette sowie die auftretende Beschleunigung a beachtet.

$$F_{dyn\ Beschleunigung} = (2 \cdot A \cdot q + G_f \cdot l) \cdot a \qquad (Gl.\ 6.8)$$

In diesem Berechnungsansatz sind die Massen der rotierenden Elemente nicht berücksichtigt. Bei entsprechend hohen Massenanteilen sind diese für den speziellen Einsatz ebenfalls zu berücksichtigen.

Fliehkraft $F_{dyn\ Fliehkraft}$

Für die praktische Auslegung eines Kettentriebs wird die Fliehzugkraft (Längskraftbelastung) aus der Fliehkraft der Förderkette berechnet.

$$F_{dyn\ Fliehkraft} = q \cdot v^2 \qquad (Gl.\ 6.9)$$

Mögliche Anbauteile der Förderkette sind zusätzlich zu berücksichtigen.

Restzugkraft F_{Rest}

Die Restzugkraft ergibt sich durch den kontinuierlichen Kraftabbau der Gesamtkettenzugkraft im Kettenrad von Zahn zu Zahn. Die exakten Zusammenhänge werden in Kapitel 6.6 dargestellt.

Mathematisch kann die Restzugkraft wie folgt beschrieben werden.

$$F_{Rest} = F \cdot \left(\frac{\sin \gamma}{\sin (\alpha + \gamma)} \right)^{z\,Eingriff} \qquad (Gl.\ 6.10)$$

Hierbei beschreibt α den Teilungswinkel und γ den Flankenwinkel am Kettenrad. Die an dieser Stelle benötige Gesamtkettenzugkraft F kann in erster Näherung durch die überschlägige Kettezugkraft $F_Ü$ ersetzt werden.

$$F_Ü = F_{Förder} + F_{dyn\,Beschleunigung} + F_{dyn\,Polygon} \qquad (Gl.\ 6.11)$$

Alternativ kann bei bekannter notwendiger Leistung des Kettentriebs P die überschlägige Kettenzugkraft nach (Gl. 6.12) bestimmt werden.

$$F_Ü = \frac{P_{Kettentrieb} \cdot 1000}{v} \qquad (Gl.\ 6.12)$$

Dieser Restzugkraft muss anlagentechnisch eine mindestens gleichgroße Kraftkomponente gegenüberstehen, um ein Überspringen der Förderketten im Antriebskettenrad zu vermeiden.

Diese gleichgroße Kraftkomponente kann innerhalb einer Förderanlage auf unterschiedliche Weise aufgebracht werden. Mögliche Varianten sind:

- Die Kraftkomponente wird durch eine ausreichend große Vorspannkraft der Förderkette innerhalb der Anlage erzeugt. Dies geschieht häufig mittels Gegengewichten oder hydraulischen Zylinder an den Umlenkrädern einer Förderanlage. Hierbei ist jedoch zu beachten, dass sich die Kraft, welche auf die Umlenkwellen aufgebracht wird, auf den Last- und Leertrum aufteilt. Außerdem beeinflussen mögliche Reibungswiderstände der Förderkette im Leertrum die effektive Wirkung der Vorspannkraft im Bereich der auslaufenden Förderkette am Antriebskettenrad. In der DIN 22200 wird die Restzugkraft ebenfalls mit einem allgemeinen Hinweis auf eine Vorspannkraft der Anlage F_V berücksichtigt.
- Bei senkrechter oder schräger Förderung wird die Kraftkomponente oder Teile davon durch die Gewichtskraft der Förderkette am Auslauf des Kettenrades erzeugt. Im Sonderfall sind ebenfalls Gewichtskräfte des Fördergutes zu berücksichtigen.
- Bei waagerechter Förderung kann man die Kraftkomponente mittels eines freien Durchhangs der Förderkette nach dem Auslaufen

aus dem Antriebskettenrad einbringen. Durch das Eigengewicht der Förderkette, die Länge des freien Durchhangs sowie den maximalen Durchhang der Kette lässt sich so der resultierende Stützzug bestimmen. Die daraus resultierende Zugkraft in der Förderkette kann nach (Gl. 6.13) beschrieben werden.

$$F_S = \frac{q \cdot b^2}{8 \cdot f} \cdot g \qquad \textit{(Gl. 6.13)}$$

Es ist konstruktiv sicherzustellen, dass der vorhandenen Restzugkraft am Auslauf der Förderkette am Antriebskettenrad eine mindestens gleichgroße Kraftkomponente entgegengesetzt wird, um einen einwandfreien Betrieb der Förderanlage zu gewährleisten.

Wenn diese Kraftkomponente aufgrund der bauseits aufgebrachten Vorspannkraft die berechnete Restzugkraft deutlich überschreitet, so ist die Vorspannkraft separat in der Gesamtkettenzugkraft zu berücksichtigen.

Die einzelnen Faktoren können nun in (Gl. 6.1) berücksichtigt werden und ermöglichen das Bestimmen der Förderkettenbelastung aufgrund auftretender Zugkräfte. Wie bereits erwähnt, besteht zu diesem Zeitpunkt die Notwendigkeit, die in der Vordimensionierung ausgewählten Eckdaten kritisch zu hinterfragen und gegebenenfalls aufgrund neuer Erkenntnisse zu ersetzen. Somit würde ein zweiter Berechnungsdurchgang erforderlich, um die Auswahl der Förderkette abzusichern.

6.3.2 Berechnung der Gesamtkettenzugkraft nach Antriebskennwerten

Für den Fall, dass die Antriebsleistung $P_{Antrieb}$ oder das Antriebsdrehmoment $M_{Antrieb}$ der Förderanlage zum Zeitpunkt der Förderkettenauslegung bereits bekannt ist, kann die erforderliche Gesamtkettenzugkraft F wie folgt bestimmt werden.

$$P_{Kettentrieb} = \eta_{Gesamt} \cdot P_{Antrieb} \quad \text{(Gl. 6.14)}$$

$$F = \frac{P_{Kettentrieb}}{v} \cdot 1000 \quad \text{(Gl. 6.15)}$$

$$M_{Kettentrieb} = \eta_{Gesamt} \cdot M_{Antrieb} \quad \text{(Gl. 6.16)}$$

$$F = \frac{2 \cdot \pi \cdot n \cdot M_{Kettentrieb}}{v} = \frac{2 \cdot M_{Kettentrieb}}{d_0} \cdot 1000 \quad \text{(Gl. 6.17)}$$

Die Leistung des Kettentriebs $P_{Kettentrieb}$ ergibt sich aus der Antriebsleistung und einem anlagenspezifischen Wirkungsgrad η_{gesamt}, welcher Leistungsverluste berücksichtigt. Diese entstehen beispielsweise aus Reibungsverlusten oder Massenträgheitskräften der Antriebsstränge und vorgeschalteten Getrieben.

Mithilfe der berechneten Gesamtkettenzugkraft kann in einem nachfolgenden Schritt eine genormte Förderkette ausgewählt oder die Konstruktion einer Sonderausführung begonnen werden.

6.4 Auswahl einer Förderkette nach Norm

Nachdem die Gesamtkettenzugkraft berechnet ist, besteht die Möglichkeit, eine Förderkette anhand bestehender Normen auszuwählen, wenn die spezifischen Anlagenparameter (vgl. Kapitel 6.1) eine Sonderkonstruktion nicht erforderlich machen. In DIN 8165 werden min. Bruchkräfte und zulässige Zugkräfte angegeben. DIN ISO 1977 gibt nur die min. Bruchkraft an. Der Sicherheitsfaktor und damit die zulässige Gesamtkettenzugkraft muss gesondert festgelegt werden.

Die DIN 8165 berücksichtigt einen Sicherheitsfaktor von ca. 6 zwischen der zulässigen Gesamtkettenzugkraft und der min. Bruchkraft. Sicherheitsfaktoren dieser Größenordnung sind im Bereich der Förderkettentechnik üblich.

Unter Berücksichtigung des festgelegten Sicherheitsfaktors S zwischen Gesamtkettenzugkraft F und Bruchkraft $F_{B\ rechnerisch}$ können dann geeignete Förderketten ausgewählt werden.

$$F_{B\ rechnerisch} = F \cdot S \qquad (Gl.\ 6.18)$$

6.5 Kontrollrechnung der Förderkettenbauteile

Im Anschluss an die Auswahl einer geeigneten Normkette oder der Konstruktion einer Sonderausführung werden die Beanspruchungen der einzelnen Bauteile ermittelt und mit den zulässigen Beanspruchungen verglichen.

Die in diesem Kapitel erwähnten zulässigen Belastungen und Berechnungsansätze der einzelnen Bauteile beruhen auf den Angaben der DIN 8165. Die Angaben in dieser Norm zu Werkstoffen sind nicht genau spezifiziert, die Auswahl bleibt dem Hersteller überlassen.

Deutlich größere Belastbarkeiten können erreicht werden, indem Werkstoffe mit hochwertigen mechanischen Eigenschaften, in Kombination mit Wärmebehandlungsverfahren für die jeweiligen Bauteile, verwendet werden. Darüber hinaus kann die Wahl der Fertigungsverfahren die Beanspruchbarkeit der Bauteile optimieren.

Die Einflüsse der Gelenkbuchse und die Biegebeanspruchungen des Gelenkbolzens durch die Gesamtkettenzugkraft und mögliche Fördergutbelastungen auf die Bruchkraft sind nur in besonderen Fällen zu berücksichtigen und werden daher an dieser Stelle nicht weiter betrachtet.

6.5.1 Kontrollrechnung bezüglich rechnerischer Kettenbruchkraft

Die rechnerische Bruchkraft der Förderkette wird in der Regel durch die Belastbarkeiten des Kettenbolzens sowie der Laschen bestimmt. In einer vereinfachten Betrachtung beanspruchen Zugspannungen im kritischen Querschnitt die Laschen und Scherspannungen die Gelenkbolzen. Die jeweiligen Spannungen werden als gleichmäßig über den gesamten Querschnitt der Bauteile verteilt angenommen.

Es ist jedoch unbedingt zu beachten, dass bereits vor dem Erreichen der Bruchkraft eine plastische Dehnung an den Förderkettenbauteilen eintritt. Wenn eine derart unzulässige Belastung auftritt, muss die Förderkette ersetzt werden.

Bild 6.6, 6.7 und 6.8: Systemzeichnungen der Förderkettenbauteile

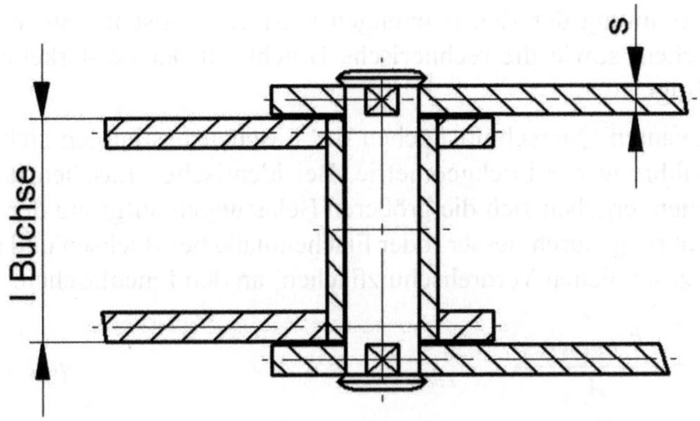

Bild 6.6

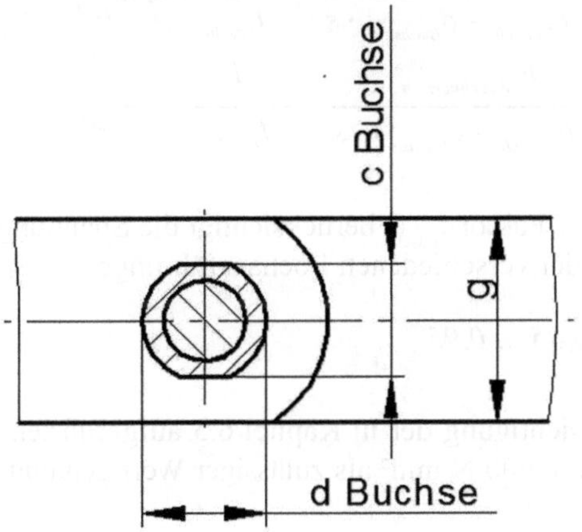

Bild 6.7

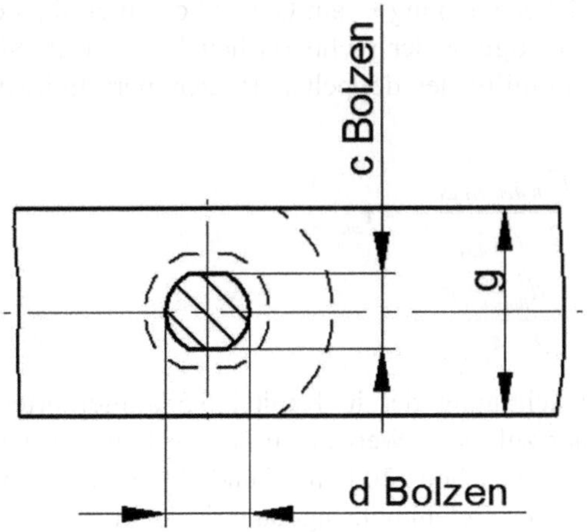

Bild 6.8

Innenlasche und Außenlasche:

Zur Bestimmung der Zugspannungen wird der kritische Querschnitt der Laschen, sowie die rechnerische Bruchkraft der Förderkette berücksichtigt.

Die relevanten Querschnittsflächen der Laschen bestimmen sich aus der Ausführung der Lochgeometrie. Bei identischen Laschenstärken und -höhen ergeben sich die größeren Belastungen aufgrund der größeren Bohrungsdurchmesser (oder Flächenmaße bei Buchsen und Bolzen mit zusätzlichen Verdrehschutzflächen) an den Innenlaschen.

$$\sigma_z = \frac{F_{B\ rechnerisch}}{A_{krit}} < \sigma_{z\ zul} \qquad (Gl.\ 6.19)$$

$$\sigma_z = \frac{F_{B\ rechnerisch}}{2 \cdot (g_{Lasche} - d_{Buchse}) \cdot s} \cdot \frac{1}{f_{Lasche}} < \sigma_{z\ zul} \qquad (Gl.\ 6.20)$$

$$\sigma_z = \frac{F_{B\ rechnerisch}}{2 \cdot (g_{Lasche} - c_{Buchse}) \cdot s} \cdot \frac{1}{f_{Lasche}} < \sigma_{z\ zul} \qquad (Gl.\ 6.21)$$

Der aufgeführte Faktor f_{Lasche} berücksichtigt die Spannungsüberhöhungen aufgrund der verschiedenen Lochausführungen.

$$f_{Lasche} = 0{,}85\ \dots\ 0{,}95 \qquad (Gl.\ 6.22)$$

Unter Berücksichtigung der in Kapitel 6.5 aufgeführten Spezifikationen können min. 600 N/mm² als zulässiger Wert genannt werden.

Gelenkbolzen:

Die mittlere Scherspannung τ_m am Gelenkbolzen ergibt sich ebenfalls unter Berücksichtigung der rechnerischen Bruchkraft. Sie lässt sich überschlägig mithilfe der doppelten Bolzenquerschnittsfläche A_{Bolzen} bestimmen.

$$\tau_m = \frac{F_{B\ rechnerisch}}{2 \cdot A_{Bolzen}} < \tau_{zul} \qquad (Gl.\ 6.23)$$

$$A_{Bolzen} = \frac{d^2_{Bolzen} \cdot \pi}{2 \cdot A_{Bolzen}} \qquad (Gl.\ 6.24)$$

Unter Berücksichtigung der in Kapitel 6.5 aufgeführten Spezifikationen liegt der zulässige Wert der mittleren Scherspannung je nach Förderkettentyp zwischen 220 N/mm² und 300 N/mm². Abhängig vom Werkstoff und der Gelenkbolzengeometrie kann dieser Wert jedoch auch deutlich größer ausfallen.

Verfügt der Gelenkbolzen über Schmierbohrungen zur Nachschmierung der Gelenkstellen, muss der Bohrungsdurchmesser bei der Berechnung der Gelenkbolzenquerschnittsfläche berücksichtigt werden. Kerben durch thermische Behandlungen oder konstruktive Ausführungen müssen an dieser Stelle ebenfalls beachtet werden.

6.5.2 Kontrollrechnung bezüglich Betriebskraft

Die ermittelte Gesamtkettenzugkraft F muss von dem Maschinenelement Förderkette unter sachgemäßem Betrieb über einen ausreichenden Zeitraum übertragen werden können.

Wie die nachfolgende Tabelle 3 verdeutlicht, müssen hierbei alle Bauteile der Förderkette hinsichtlich verschiedenster Belastungen betrachtet werden.

Kettenbauteil	Belastungsart
Außenlasche und Innenlasche	Lochleibung durch Kontakt zum Gelenkbolzen und zur Gelenkbuchse
Gelenkbolzen	Flächenpressung durch Kontakt zur Gelnkbuchse Lochleibungsdruck durch Kontakt zur Außenlasche
Gelenkbuchse	Flächenpressung durch Kontakt zum Gelenkbolzen Lochleibungsdruck durch Kontakt zur Innenlasche Hertzsche Pressung durch Kontakt zum Kettenrad
Schonrolle	Flächenpressung durch Kontakt zur Gelenkbuchse Hertzsche Pressung durch Kontakt zum Kettenrad
Laufrolle	Flächenpressung durch Kontakt zur Gelenkbuchse Hertzsche Pressung durch Kontakt zum Kettenrad Flächenpressung durch Belastung aus Gewichtskraft

Tabelle 3 Übersicht über die Beanspruchungsarten der einzelnen Kettenbauteile

Außenlasche und Innenlasche

Lochleibung durch Kontakt zum Gelenkbolzen und zur Gelenkbuchse:

Durch die Übertragung der Gesamtkettenzugkraft über die Gelenkbuchse auf die Innenlaschen sowie dem Gelenkbolzen auf die Außenlaschen entsteht in den Bereichen der eingepressten Bauteile eine Druckbeanspruchung der Verbindungen. Dieser Lochleibungsdruck lässt sich je nach Ausführung des Lochbildes nach folgenden Gleichungen bestimmen.

$$\sigma_l = \frac{F}{A_{proj.}} < \sigma_{l\,zul} \qquad \text{(Gl. 6.25)}$$

$$A_{proj.\ Rundloch} = 2 \cdot d_{Bolzen} \cdot s \qquad \text{(Gl. 6.26)}$$

$$A_{proj.\ Flächenloch} = 2 \cdot c_{Bolzen} \cdot s \qquad \text{(Gl. 6.27)}$$

An dieser Stelle werden die in eine Ebene projizierten Teilungslöcher der Laschen berücksichtigt. Bei identischer Laschenstärke s ergeben sich die größeren Beanspruchungen an der Kontaktstelle zwischen Außenlasche und Gelenkbolzen aufgrund der kleineren Durchmesser bzw. Flächenmaße. Die Einflüsse des Pressverbandes auf diese Kontaktstelle bleiben in erster Näherung unberücksichtigt.

Aus den Angaben der DIN 8165 lassen sich ca. 110 N/mm^2 als Orientierungswert ableiten.

Gelenkbolzen

Flächenpressung durch Kontakt zur Gelenkbuchse:

Die Flächenpressung $p_{Flächenpressung}$ beeinflusst durch den Kontakt zur Gelenkbuchse den Verschleiß im Förderkettengelenk und somit die Lebensdauer der gesamten Förderkette. Rechnerisch wird an dieser Stelle die in eine Ebene projizierte Fläche der Gelenkbuchsenbohrung $A_{proj.}$ berücksichtigt.

$$p_{Flächenpressung} = \frac{F}{A_{proj.}} < p_{zul} \qquad \text{(Gl. 6.28)}$$

$$A_{proj.} = d_{Bolzen} \cdot l_{Buchse} \qquad \text{(Gl. 6.29)}$$

Zulässige Flächenpressungen richten sich nicht nur nach der verwendeten Werkstoffpaarung, den Oberflächeneigenschaften, den Schmierzuständen und den Betriebsbedingungen, sondern auch nach der Anzahl der zu erwartenden Flexuren des Förderkettengelenkes. Aus den Werten der Norm DIN 8165 können ca. 25 N/mm^2 als allgemeinen Orientierungswert abgeleitet werden.

Lochleibungsdruck durch Kontakt zur Außenlasche:

Der aus der Gesamtkettenzugkraft resultierende Lochleibungsdruck zwischen dem Bolzen und den Außenlaschen wurde bereits durch (Gl. 6.25) bis (Gl. 6.27) beschrieben.

Gelenkbuchse

Flächenpressung durch Kontakt zum Gelenkbolzen:

Die Gelenkbuchse wird als Förderkettenbauteil unter anderem durch die Flächenpressungen zum Gelenkbolzen belastet. Die hier auftretenden Belastungen wurden bereits durch die (Gl. 6.28) und (Gl. 6.29) bestimmt.

Lochleibungsdruck durch Kontakt zur Innenlasche:

Der aus der Gesamtkettenzugkraft resultierende Lochleibungsdruck zur Innenlasche wurde bereits durch die Gleichungen (Gl. 6.25) bis (Gl. 6.27) beschrieben.

Hertzsche Pressung und Reibbeanspruchung durch Kontakt zum Kettenrad:

Zusätzlich erfährt die Gelenkbuchse durch den Kontakt zum Kettenrad eine Kraft F_{Z1max}, welche in Kapitel 6.6.1 näher erläutert wird. Die resultierende Flächenpressung zwischen der Gelenkbuchse und dem Kettenrad kann nach dem Ansatz der Hertzschen Pressung bestimmt werden. Die zulässigen Werte sind abhängig vom verwendeten Werkstoff, sowie der angewendeten Wärmebehandlungen. Zusätzlich wird die Gelenkbuchse am Außendurchmesser durch Reibung beansprucht.

Schonrolle

Flächenpressung durch Kontakt zur Gelenkbuchse:

Bei der Verwendung von Schonrollen gilt folgender Berechnungsansatz:

$$p = \frac{F_{Z1\,max}}{A_{proj.}} < p_{zul} \qquad (Gl.\ 6.30)$$

$$A_{proj.} = d_{Buchse} \cdot l_{Schonrolle} \qquad (Gl.\ 6.31)$$

Die maximale Kontaktkraft F_{Z1max} wird in Kapitel 6.6.1 näher beschrieben. Analog zur Gelenkflächenpressung können ca. 25N/mm² als zulässig angenommen werden.

Hertzsche Pressung durch Kontakt zum Kettenrad:

Analog zur Gelenkbuchse können hier die gleichen Ansätze angewendet werden.

Laufrollen:

Flächenpressung durch Kontakt zur Gelenkbuchse:

Vergleichbar zu den Schonrollen gilt folgender Berechnungsansatz:

$$p = \frac{F_{Z1\,max}}{A_{proj.}} < p_{zul} \qquad (Gl.\ 6.32)$$

$$A_{proj.} = d_{Buchse} \cdot l_{Laufrolle} \qquad (Gl.\ 6.33)$$

Die maximale Kontaktkraft F_{Z1max} wird in Kapitel 6.6.1 näher beschrieben. Analog zur Gelenkflächenpressung können ca. 25N/mm² als zulässig angenommen werden.

Hertzsche Pressung durch Kontakt zum Kettenrad:

Die bereits beschriebenen Ansätze für die Bauteile Schonrolle und Gelenkbuchse können hier angewendet werden.

Flächenpressung durch Belastung aus Gewichtskräfte:

Bei einer Förderkettenausführung mit Laufrollen wird während der Förderbewegung durch die Gewichtskraft der Förderkette sowie des Fördergutes eine Belastung hervorgerufen. Diese lässt sich als Flächenpressung darstellen und berücksichtigt die in eine Ebene projizierte Fläche der Laufrollenbohrung nach folgenden Gleichungen.

$$p_{Flächenpressung} = \frac{F_{Gew.}}{A_{proj.}} < p_{zul} \qquad (Gl.\ 6.34)$$

$$A_{proj.} = d_{Buchse} \cdot l_{Laufrolle} \qquad (Gl.\ 6.35)$$

Unter normalen Schmier- und Betriebsbedingungen können ca. 8N/mm² als zulässiger Richtwert angegeben werden. Die Hertzsche Pressung am Außendurchmesser der Laufrolle durch den Kontakt zur Laufbahn ist gesondert zu berücksichtigen.

6.6 Kontakt zwischen Förderkette und Kettenrad

Nachfolgend soll der Kontakt zwischen der Förderkette und dem Kettenrad genauer untersucht werden. Hierbei wird zum einen auf die Kraftübertragung zwischen den beiden Maschinenelementen und zum anderen auf die Auswirkungen des Polygoneffektes eingegangen.

6.6.1 Kraftübertagung zwischen Förderkette und Kettenrad

Die Kraftübertragung zwischen dem Antriebskettenrad und der Förderkette erscheint bei erster Betrachtung auf einem reinen Formschluss zu basieren. Betrachtet man jedoch lediglich das einlaufende Kettengelenk, so gilt diese Annahme nur bei einem theoretischen Flankenwinkel $\gamma = 0°$. Dies würde bedeuten, dass die Zahnflanke rechtwinklig zur Längsachse der Kettenlasche ausgerichtet ist. Bei üblicherweise gewählten Flankenwinkeln $\gamma > 0°$ liegt somit am einlaufenden Kettengelenk eine kraftschlüssige Verbindung vor [4].Das Umschlingen der Förderkette eines Kettenrades kann in der gesamten Betrachtung jedoch als formschlüssige und schlupffreie Verbindung angesehen werden .

Um die Kraftverhältnisse genauer aufzuzeigen, soll an dieser Stelle von einer Förderkette ohne Rollen ausgegangen werden. Dies bedeutet, dass die Gelenkbuchse einen direkten Kontakt zum Kettenrad hat.

Nach dem stoßartigen Einlauf des Kettengelenkes in das Kettenrad baut sich die Kraft auf den ersten tragenden Zahn kontinuierlich auf. Zur genaueren Betrachtung der Kontaktsituation wird eine Laufkoordinate β eingeführt, welche in den Grenzen nach (Gl. 6.37) verläuft

$$\alpha = \frac{360°}{z} \qquad \textit{(Gl. 6.36)}$$

$$-\frac{\alpha}{2} \leq \beta \leq +\frac{\alpha}{2} \qquad \textit{(Gl. 6.37)}$$

Durch die in Bild 6.9 dargestellten geometrischen Zusammenhänge ergibt sich eine Kontaktkraft F_{Z1} zwischen der einlaufenden Gelenkbuchse und dem Kettenrad nach (Gl. 6.38).

Bild 6.9 Kraftübertragung zwischen Förderkette und Kettenrad

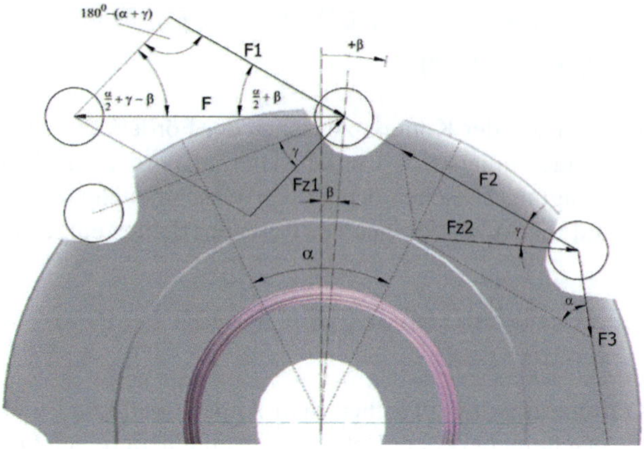

$$F_{Z1} = F \cdot \frac{\sin\left(\frac{\alpha}{2}+\beta\right)}{\sin\,(\alpha+\gamma)} \qquad \text{(Gl. 6.38)}$$

Die maximale Kontaktkraft F_{Z1max} ergibt sich somit für $\beta = \alpha/2$ und kann aus (Gl. 6.38) wie folgt abgeleitet werden.

$$F_{Z1max} = F \cdot \frac{\sin\,(\alpha)}{\sin\,(\alpha+\gamma)} \qquad \text{(Gl. 6.39)}$$

Die Kraftübertragung zwischen dem einlaufenden Kettengelenk und dem ersten tragenden Zahn des Kettenrades führt zu einer reduzierten Zugkraft im zweiten (bereits eingelaufenen) Kettenglied. Dieser Kraftabbau zwischen den benachbarten Gliedern kann mathematisch nach (Gl. 6.40) beschrieben werden.

$$F_{Glied2} = F_{Glied1} \cdot \frac{\sin\,(\gamma)}{\sin\,(\alpha+\gamma)} \qquad \text{(Gl. 6.40)}$$

Wie bereits beschrieben, resultiert aus dem kontinuierlichen Abbau der Gesamtkettenzugkraft eine Restkettenzugkraft (Gl. 6.10) in den aus dem Kettenrad auslaufenden Kettengliedern. Diese ist wie in Kapitel 6.3.1 erwähnt abhängig von der Anzahl der im Eingriff befindlichen Anzahl an Zähnen $z_{Eingriff}$, sowie dem Flankenwinkel γ.

6.6.2 Polygonwirkung des Kettenrades

Bedingt durch die gleichförmige Rotation des Förderkettenrades kommt es während des Durchlaufs eines Teilungswinkels α zu Schwankungen der Kettengeschwindigkeit. Diese resultieren aus dem variierenden wirksamen Radius r_{rel}, welcher durch die polygonartige Umschlingung der Förderkette um das Förderkettenrad in Abhängigkeit der Laufkoordinate β und dem Umkreisradius r_U nach (Gl. 6.41) bestimmt werden kann. Der wirksame Radius schwingt somit im Wertebereich nach (Gl. 6.42) und (Gl.6.43).

$$r_{rel} = r_U \cdot \cos\beta \qquad (Gl.\ 6.41)$$

$$r_{relmin} = r_U \cdot \cos(\beta) \text{ bei } (\beta = \frac{\alpha}{2}) \qquad (Gl.\ 6.42)$$

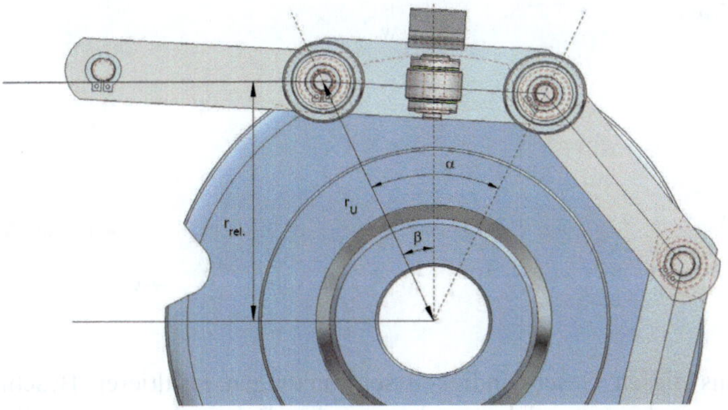

Bild 6.10
Wirksamer Radius

$$r_{relmax} = r_U \cdot \cos(\beta) \text{ bei } (\beta = 0) \qquad (Gl.6.43)$$

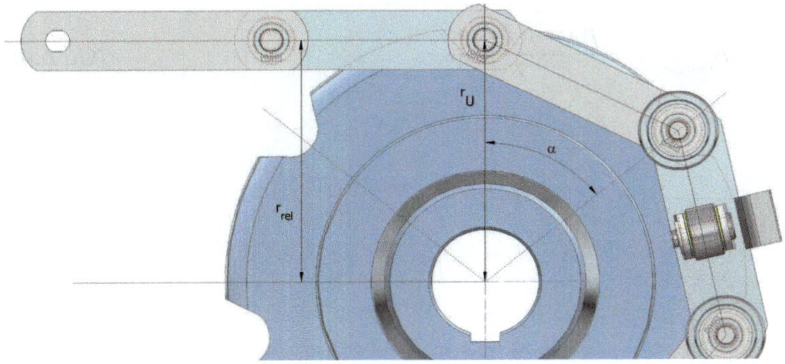

Bild 6.11
Wirksamer Radius

Bedingt durch eine konstante Winkelgeschwindigkeit des antreibenden Förderkettenrades ω ergibt sich durch Multiplikation mit dem wirksamen Radius r_{rel} eine Fördergeschwindigkeit ν nach (Gl. 6.44), welche in den Grenzen nach (Gl. 6.45) mit einer Geschwindigkeitsdifferenz Δν schwingt, schematisch in Bild 6.12 dargestellt.

Diese Schwingungen, sowie die daraus resultierenden Beschleunigungen, werden als Polygoneffekt bezeichnet.

$$v = r_{rel} \cdot \omega \qquad \text{(Gl. 6.44)}$$

$$r_U \cdot cos\left(\frac{\alpha}{2}\right) \cdot \omega \leq v \leq r_U \cdot \omega \qquad \text{(Gl. 6.45)}$$

Bild 6.12 Geschwindigkeitsschwankungen durch Polygonwirkung

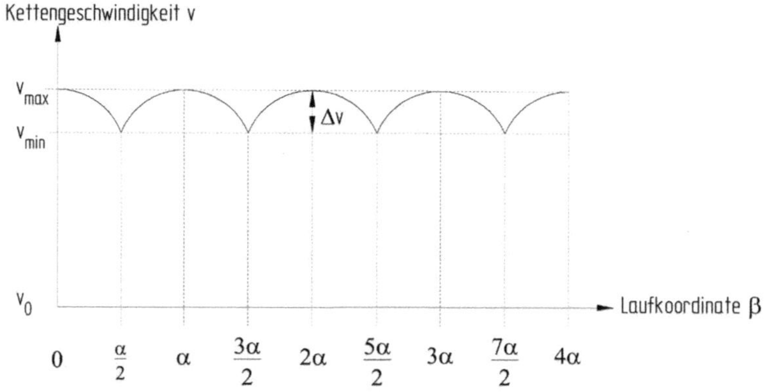

Aus diesen Geschwindigkeitsschwankungen resultieren Beschleunigungen $b_{Polygon}$, welche zur dynamischen Polygonkraft nach (Gl. 6.46) führen. Der maximale Betrag der Beschleunigung stellt sich bei einem Winkel von β = ±α/2 ein und resultiert aus der bereits aufgeführten maximalen Kraft nach (Gl. 6.7).

$$b_{Polygon} = \frac{p \cdot \sin\beta \cdot \omega^2}{2} \qquad \text{(Gl. 6.46)}$$

6.7 Literatur

[1] DIN 22200,Mai 1994,Stetigförderer,Gliederbandförderer,Berechnungsgrundsätze

[2] DIN 8165,Teil 1,2 und 3,März 1992, Förderketten mit Vollbolzen, Bauart FV und FVT

[3] DIN ISO 1977,Dezember 2014, Buchsenförderketten, Anbauteile und Kettenräder

[4] H.-G. Rachner, Stahlgelenkketten und Kettentriebe, Springer-Verlag 1962

7 Berechnungsgrundlagen für Kettenräder

Inhalt

7.1 Einleitung

Die Bauform, Funktionsmaße, Werkstoffe und die Fertigungsverfahren für die Herstellung der Kettenräder müssen auf die speziellen Belastungen und die jeweiligen Betriebsbedingungen des Anwendungsfalles gesondert abgestimmt werden, damit ein optimales Zusammenspiel mit der Förderkette gewährleistet ist und eine möglichst lange Funktionsdauer der Kettenräder erreicht wird. Allgemeingültige Formeln können daher nur für einige grundlegende Konstruktionsabmessungen benannt werden. Auch zur Festigkeitsberechnung sind nur erfahrungsbezogene Allgemeinhinweise möglich, die als Hilfestellung für die erforderliche, projektbezogene Einzelberechnung dienen sollen.

7.2 Berechnung der Konstruktionsabmessungen

7.2.1 Hauptabmessungen und Zahnform

Die Zähnezahl und die Abmessungen der zugehörigen Förderkette bestimmen im Wesentlichen die Konstruktionsmaße der Kettenradscheibe. Die Norm DIN ISO 1977 gibt dazu unter Punkt 5 Hinweise[1]. In Anlehnung an diese Norm produziert KettenWulf die Kettenräder nach Werksnormen, die sich in der Praxis bereits jahrzehntelang bewährt haben. Formeln zur Berechnung der wichtigsten Hauptabmessungen sind nachfolgend aufgeführt.

Formelzeichen und Einheiten

Abkürzung	Bezeichnung	[Einheit]
d_0	Teilkreisdurchmesser	[mm]
d_{fBu}	Fußkreisdurchmesser für Förderkette mit Gelenkbuchse	[mm]
d_{fSr}	Fußkreisdurchmesser für Förderkette mit Schonrolle	[mm]
d_{fLr}	Fußkreisdurchmesser für Förderkette mit Laufrolle	[mm]
d_{kBu}	≈ Kopfkreisdurchmesser für Förderkette mit Gelenkbuchse	[mm]
d_{kSr}	≈ Kopfkreisdurchmesser für Förderkette mit Schonrolle	[mm]
d_{kLr}	≈ Kopfkreisdurchmesser für Förderkette mit Laufrolle	[mm]
B_1	Zahnbreite	[mm]
b_1	Lichte Weite der Förderkette	[mm]
α	Teilungswinkel	[°]
β	Öffnungswinkel	[°]
u	Zahnlückenspiel	[mm]
p	Förderkettenteilung	[mm]
Z	Anzahl der Zähne am Kettenrad	[-]

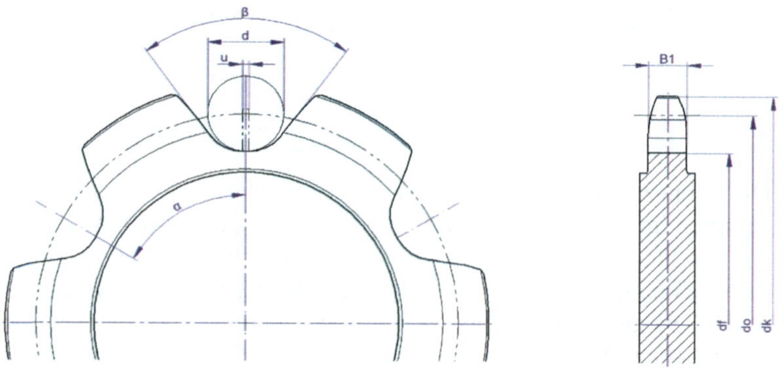

Bild 7.1 Konstruktionsabmessungen der Radscheibe

Teilkreisdurchmesser: $$d_0 = \frac{P}{\sin \frac{180°}{z}} \quad (Gl. 7.1)$$

Fußkreisdurchmesser: $$d_{fBu} = d_o - dBuchse \quad (Gl. 7.2)$$

$$d_{fSr} = d_o - dSchonrolle \quad (Gl. 7.3)$$

$$d_{fLr} = d_o - dLaufrolle \quad (Gl. 7.4)$$

Kopfkreisdurchmesser: $$d_{kBu} \approx d_o + 0{,}8 \cdot dBuchse \quad (Gl. 7.5)$$

$$d_{kSr} \approx d_o + 0{,}6 \cdot dSchonrolle \quad (Gl. 7.6)$$

$$d_{kLr} \approx d_o + 0{,}4 \cdot dLaufrolle \quad (Gl. 7.7)$$

Zahnbreite: $$B_1 \approx 0{,}9 \cdot b_1 \quad (Gl. 7.8)$$

Teilungswinkel: $$\alpha = \frac{360°}{z} \quad (Gl. 7.9)$$

Öffnungswinkel ß, Zahnlückenspiel u und die Zahnform werden auf Grundlage der Betriebskennwerte des jeweiligen Anwendungsfalles festgelegt.

7.2.2 Bohrungsdurchmesser, Nabenlänge und Nabendurchmesser

Die Bohrungs- und Nabenabmessungen der Kettenräder müssen den in der Förderanlage vorgesehenen Wellen- und Achsdurchmessern angepasst werden. Deshalb sind diese Abmessungen nicht nach allgemeinen Formeln zu berechnen. Zur Vordimensionierung der Nabenlänge kann man dafür überschlägig den eineinhalbfachen Durchmesser der Bohrung annehmen.

7.3 Festigkeitsberechnung der Kettenräder für Förderketten

Beim Ablauf der Förderkette über die Kettenräder entstehen komplexe und vielfältige Beanspruchungen wie dynamische und statische Kräftebelastungen in Kombination mit sich überlagernden, gleitenden und rollenden Bewegungen, die Druckbelastungen und Reibung an den Zahnflanken verursachen. Dabei werden die Antriebskettenräder am stärksten belastet, da sie die erforderliche Gesamtkettenzugkraft durch den Kontakt der Förderkettengelenke mit den Zahnflanken auf die Förderkette übertragen müssen. Nicht für jede Einzelbelastung stehen gesicherte Formeln zur Verfügung. Daher sind langjährige Erfahrung, werkseigene Versuche und Berechnungen Grundlage der nachfolgenden Hinweise.

7.3.1 Zahnfußfestigkeit

Die mit Gl.6.39 berechnete maximale Kontaktkraft F_{Z1max} belastet beim Einlauf der Förderkette in das Kettenrad den Kettenradzahn auf Biegung, Druck und Schub. Eventuelle zusätzliche Stoßbelastungen sind gesondert zu berücksichtigen. Bezogen auf die Bruchfestigkeit wird der Kettenradzahn am stärksten im Zahnfuß belastet. Der Zahnfußquerschnitt ist unter Einbezug des gewählten Ketteradwerkstoffs entsprechend zu dimensionieren. Bei Kettenrädern für genormte Förderketten ergeben sich diese Abmessungen zwangsläufig durch die Kettenteilung, lichte Weite und den Buchsen bzw. Rollendurchmesser der Förderkette. Diese Abhängigkeiten führen bei Herstellung der Kettenräder aus Standardwerkstoffen und mit Werksnormverzahnung bei maximaler Belastung der Förderkette mit der zul. Kettenzugkraft nach Norm zu dem Ergebnis, dass die Zahnfußtragfähigkeit für Standardanwendungen mit normalen Betriebsbedingungen gewährleistet ist und nicht gesondert berechnet werden muss. Dies bestätigt auch unsere langjährige Praxiserfahrung.

7.3.2 Festigkeit geschweißter Nabenverbindungen

Bei Kettenrädern der Bauform mit auf- oder eingeschweißten Naben, siehe Bild 3.12, erzeugt das Antriebsdrehmoment eine Torsionsbelastung, die als Schubspannung von der Schweißnaht übertragen werden muss. Analog unseren Praxiserfahrungen zur Zahnfußtragfähigkeit hat sich auch für die Festigkeit dieser Schweißverbindung bestätigt, dass diese für Standardanwendungen mit normalen Betriebsbedingungen gewährleistet ist und nicht gesondert berechnet werden muss.

7.3.3 Zahnflankenfestigkeit

Die maximale Zahnflankenbeanspruchung durch die Kraftübertragung zwischen der Förderkette und dem Antriebskettenrad liegt beim Einlaufen eines Kettengelenkes am ersten im Eingriff befindlichen Kettenradzahn vor. Die Belastungen an dieser Stelle der Zahnflanke können als eine dynamische Komponente durch den Einlaufstoß und eine statische Komponente durch die Kontaktkraft F_{Z1max} (Gl.6.39) angenommen werden. Die Bewegungsenergie des Kettengelenkes und des Kettenrades, die mit unterschiedlichen Geschwindigkeiten auf der Zahnflanke zusammentreffen, verursachen die Einlaufstoßkraft[2]. Da diese Geschwindigkeitsdifferenzen bei Förderkettengetrieben mit üblichen Fördergeschwindigkeiten überwiegend gering sind, wird die statische Kontaktkraft F_{Z1max}, und damit die Hertzsche Pressung zwischen Zahnflanke und Kettengelenk, zur maßgebenden Größe bei Betrachtung der Zahnflankenbeanspruchung infolge der Kraftübertragung, siehe Bild 6.9. Zusätzlich unterliegt die Zahnkontur in Abhängigkeit der Kettenbauweise weiteren Reibbeanspruchungen, die nachfolgend beschrieben werden.

Bei Förderketten in Standardbauweise ohne Rollen kommt es beim Einlaufen des ersten

Kettengelenkes des Innengliedes durch die Abknickbewegung zu einer Relativbewegung zwischen Zahnflanke und Buchsenaußendurchmesser, was zu einem funktionsbedingtem Oberflächenverschleiß führt, siehe Bild 2.41. Beim Einlaufen des nächsten Kettengelenkes als erstes Gelenk des Außengliedes entsteht keine Reibbewegung an der Zahnflanke, da sich bei dieser Abknickbewegung der Bolzen in der Buchse dreht, siehe Bild 2.40. Diese Vorgänge wiederholen sich periodisch beim Einlaufen der Förderkette in die Kettenräder. Weiterhin entwickelt sich bei allen Kettengelenken eine gleitende Reibbewegung der Buchsen auf der Arbeitsfläche der Zahnflanke vom ersten Berührungspunkt bis zur Endposition in der Verzahnung. Bei Förderketten mit zusätzlichen Rollen im Gelenk treten keine Reibbewegungen an der Zahnflanke infolge des abknickenden Förderkettengelenkes auf, da sich die Buchse in der Rollenbohrung bzw. der Bolzen in der Buchse dreht, siehe Bilder 2.42 und 2.43. Die Bewegung des Förderkettengelenkes vom ersten Berührungspunkt an der Zahnflanke bis zur Endposition in der Verzahnung kann bei Gelenken mit Rolle als rollend betrachtet werden, d.h. die Zahnflanken werden mit einer Hertzschen Pressung beansprucht. Diese Betrachtungen der kombinierten Druck- und Reibbeanspruchungen machen deutlich, dass der betriebsbedingte Zahnflankenverschleiß ganz wesentlich von der Bauform der Förderkette, der Zahnform und der Zahnflankenbelastung abhängig ist. Neben diesen funktionsbedingten Belastungsfaktoren sind zusätzlich die anlagenbezogenen Betriebsbedingungen zu berücksichtigen. Dieses komplexe Belastungskollektiv führt dazu, dass die Zahnflankenbeanspruchung nicht in einer allgemeingültigen Formel berechnet werden kann. Da die Praxiserfahrungen jedoch zeigen, dass der Zahnflankenverschleiß und die damit verbundene mögliche Funktionsstörung im Bewegungsablauf zwischen Förderkette und Kettenrädern die überwiegende Ursache für einen erforderlichen Austausch der Kettenräder sind, müssen die Konstruktionsabmessungen, Werkstoffe und Fertigungsverfahren zur Herstellung der Kettenräder für jeden Einzelfall projektbezogen betrachtet und festgelegt werden. Dabei sind bereits in der Planungsphase die Informationen zu Kettenrädern in Kapitel 3 sowie die in Kapitel 4.4.7 und 4.4.8 vorgestellten Weiterentwicklungen der Longlife-Verzahnung und Geräuschdämpfung zu berücksichtigen.

7.4 Literatur

[1]DIN ISO 1977,Dezember 2014, Buchsenförderketten, Anbauteile und Kettenräder

[2]H.-G. Rachner, Stahlgelenkketten und Kettentriebe, Springer-Verlag 1962

Sachwortverzeichnis

N

O

P

Q

R

S

Unternehmensgeschichte KettenWulf

Die KettenWulf Betriebs GmbH wurde 1925 von den Brüdern Josef und Johannes Wulf im Herzen des Sauerlandes, in Eslohe-Kückelheim, gegründet. Seither ist das Unternehmen in Familienhand, inzwischen in vierter Generation. Derzeit führen Günter, Julia, Tobias und Ansgar Wulf das Geschäft.

In der mittlerweile über 90-jährigen Geschichte entwickelte sich KettenWulf von einer einfachen Gelenkkettenmanufaktur zu einem weltweit führenden Hersteller von Förderketten, Antriebsketten, Kettenrädern und Spezialkomponenten. Zum Einsatz kommen die Ketten in einer Vielzahl von Branchen, unter anderem in der Schüttgut-, Fahrtreppen-, Dämmstoff-, Holz- und Stahlindustrie, aber auch in den Bereichen Stahlwasserbau, Wasseraufbereitung, sowie in vielfältigen Anwendungen des Maschinen- und Anlagenbaus. Über 1400 Mitarbeiter entwickeln, produzieren und vertreiben derzeit an Standorten auf der ganzen Welt für KettenWulf: in Europa, Amerika, Australien und Asien geben die Beschäftigten ihr Bestes und sorgen somit für individuelle Lösungen im Bereich der Förder- und Antriebstechnik.

Produziert wird im Sauerland, dem österreichischen Ferlach, sowie seit 2002 auch in Hangzhou in China; anschließend werden die Produkte international vertrieben. Im Laufe der Jahre wuchs das Leistungsspektrum Ketten Wulfs um eine eigene Kettenradfertigung sowie die Erstellung von Ketten für die Fahrtreppenindustrie, in der KettenWulf heute sogar Weltmarktführer ist. Zu den renommiertesten Projekten der Unternehmensgruppe zählt die Ausrüstung der „London Underground" oder des „Hartsfield-Jackson International Airport" in Atlanta.

Am Hauptsitz in Eslohe-Kückelheim befindet sich auch die Forschungs- und Entwicklungsabteilung des Unternehmens. Hier arbeiten Wissenschaftler und Ingenieure an technischen Weiterentwicklungen und innovativen Produkten wie der schmierlosen und wartungsarmen Kettentechnik oder der besseren Geräuschdämpfung bei der Kettenförderung.

Bild 9.1
KettenWulf Hauptsitz Kückelheim, Deutschland

Bild 9.2
Werk Hangzhou, China

Bild 9.3
Werk Ferlach,
Österreich

Bild 9.4
Werk Atlanta,
USA

Produktportfolio: Förderketten, Antriebsketten und Kettenräder für alle Branchen weltweit

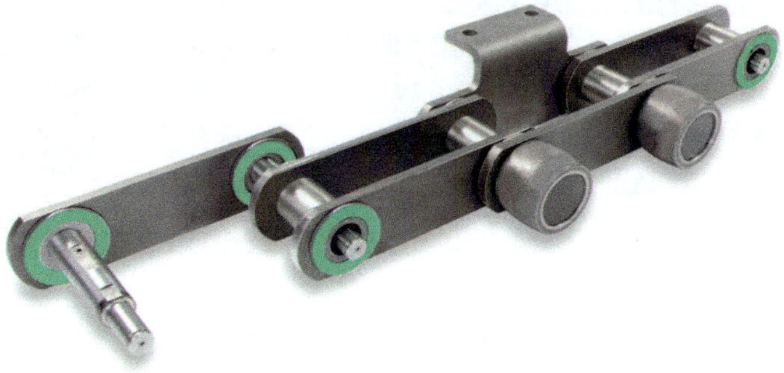

Bild 9.5
Kratzerkette

Förderketten:

KettenWulf entwickelt und produziert spezielle Förder- und Transportketten in allen Bauarten und Abmessungen, für alle Verwendungszwecke und Industriezweige. Darüber stellt das Unternehmen Standardketten nach DIN- und ISO-Normen her. Da sich die Anforderungen von Anwendung zu Anwendung stark unterscheiden, bietet KettenWulf im Produktsegment Förderketten in der Regel individuelle Lösungen an.

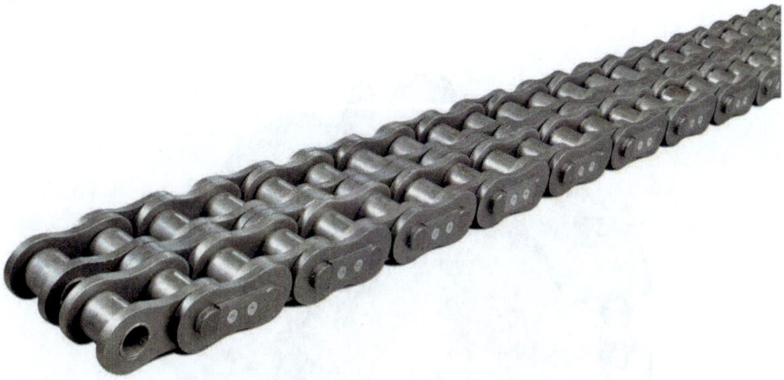

Bild 9.6
Rollenkette

Antriebsketten:

KettenWulf produziert ein breites Spektrum an Antriebsketten nach DIN, ISO und ANSI sowie Sonderketten für die unterschiedlichsten Anwendungen. Hochleistungsrollenketten und Buchsenketten für Antriebe und Förderzwecke gehören zum Standard-Lieferprogramm. Täglich werden für Sonderzwecke neue Ketten konzipiert und erfolgreich in die Praxis überführt.

Bild 9.7
Kettenrad mit Geräuschdämpfung

Kettenräder:

Zu allen Ketten liefert KettenWulf die entsprechenden Kettenräder. Kettenräder sind ein entscheidender Faktor, wenn es um Leistungsfähigkeit und Lebensdauer eines Kettensystems geht. Wir setzen deshalb auf die Herstellung eigener Kettenräder, um die Qualität aller Produkte zu gewährleisten. Unsere Produktpalette umfasst neben Kettenrädern sämtlicher DIN-, ISO- und ANSI-Verzahnungen natürlich auch individuelle Lösungen mit optimalen Zahnformen und Radgrößen.

Bild 9.8
Antriebswelle

Spezialketten und Sonderkomponenten:

Als Technologieführer in der Förder- und Antriebstechnik hat sich KettenWulf auch als Zulieferer für Spezialkomponenten etabliert. Neben der Fertigung von Antriebs- und Umlenkwellen montieren wir auch komplette Antriebswelleneinheiten bestehend aus Welle, Kettenrädern und Lagereinheiten. Diese Antriebssysteme werden im Unternehmen vollständig montiert und anschließend einbaufertig an die Kunden geliefert.

Services: Entwicklung, Produktion, Montage, After Sales

Kompetenz, Erfahrung, Effizienz und ein hohes Engagement sind die Basis unserer Arbeit. Wir sichern Ihren Erfolg mit dem Einsatz unserer Produkte, langfristig und nachhaltig. Darum bieten wir Ihnen unsere Dienstleistungen von Anfang an. So sind wir für Sie ein verlässlicher Partner in der Förder- und Antriebstechnik. Sowohl die Beratungstiefe als auch die Qualität unserer Produkte werden individuell auf Ihre Wünsche und Bedürfnisse angepasst. KettenWulf bündelt eine Reihe hochspezialisierter Kompetenzfelder rund um die Betreuung Ihrer Projekte. Wir haben alle Einzelleistungen effizient miteinander vernetzt, um für Ihre Produktlösungen optimale Ergebnisse erzielen zu können.

» Entwicklung:

Wir konzipieren entsprechend Ihren Anforderungen und Wünschen optimale Lösungen für die Förder- und Antriebstechnik.

» Produktion:

Unter Einsatz der modernsten Technologien fertigen wir für Sie Förderketten, Antriebsketten und Kettenräder.

» Montage:

Wir kennen unsere Produkte am besten. Zusammen mit zuverlässigen Partnern übernehmen wir bei Bedarf die Montage vor Ort.

» After Sales:

Auf Anfrage prüfen und beurteilen wir den Zustand Ihrer Ketten und Kettenräder auf ihre Funktionsfähigkeit und zukünftige Lebensdauer.

Die Branchen:

Personentransport
Schüttgutindustrie

Bild 9.9 Personen-transport

Bild 9.10 Schüttgut-industrie

Automobilindustrie

Lebensmittelindustrie

Bild 9.11
Automobil-
industrie

Bild 9.12
Lebensmittel-
industrie

Dämmstoffindustrie

Holzindustrie

Bild 9.13
Dämmstoff-
industrie

Bild 9.14
Holzindustrie

Papierindustrie

Maschinen- und Anlagenbau

Bild 9.15
Papierindustrie

Bild 9.16
Maschinen- und Anlagenbau

Stahlindustrie

Stahlwasserbau

Bild 9.17
Stahlindustrie

Bild 9.18
Stahlwasserbau

Wasseraufbereitung

Bild 9.19 Wasseraufbereitung

9783658089214